油气储运科技成果经济价值评估

何春蕾　江如意　辜　穗　周　娟　唐诗国　著

U0391128

石油工业出版社

图书在版编目（CIP）数据

油气储运科技成果经济价值评估 / 何春蕾等著.

北京：石油工业出版社，2024. 1. -- ISBN 978-7-5183-5778-9

Ⅰ. TE8

中国国家版本馆 CIP 数据核字第 2024GT6523 号

油气储运科技成果经济价值评估

何春蕾　江如意　辜　穗　周　娟　唐诗国　著

出版发行：石油工业出版社
　　　　　（北京市朝阳区安华里二区 1 号楼　100011）
网　　　址：www.petropub.com
编 辑 部：（010）64523570　　图书营销中心：（010）64523633
经　　　销：全国新华书店
印　　　刷：北京晨旭印刷厂

2024 年 1 月第 1 版　　2024 年 1 月第 1 次印刷
740 毫米 × 1060 毫米　开本：1/16　印张：12.75
字数：170 千字

定　价：98.00 元

前　言

　　油气储运作为研究油气和城市燃气储存、运输及管理的交叉性学科，伴随油气资源的开发、利用而发展。在国家"双碳"目标的愿景下，油气管道和储气库等业务快速发展，在现代能源体系中的作用愈发凸显，也对科技创新提出了更高要求。如何科学量化油气储运科技创新成果转化应用后取得的经济效益，成为油气储运科技创新成果按价值贡献参与收益分配激励的关键瓶颈与重大命题。然而，科技价值评估涉及技术创新理论、技术经济评价理论、技术创新管理会计理论、科技激励理论等多重理论，可供参考的理论文献十分丰富，但涉及油气行业的科技价值评估理论与实践不多，针对油气储运科技成果的较少。现有采用剥离法、增量效益法和综合指标分成法进行技术价值评价的方法，存在科技创效高估、投入低估、经济效益计算范围扩大、经济效益计算方法不统一、参数取值不规范等诸多问题，不能满足充分发挥科技评价"指挥棒"作用、落实科技成果转化创效奖励激励等相关要求，亟待开展创新研究。

　　本书以创建油气储运科技成果经济价值评估方法、模型、评估参数体系为总体目标，采用文献调研、现场调研、定量定性分析、模拟分析、实证评估等方法，按照"理论研究—方法研究—

应用研究"的逻辑架构，对油气储运类科技成果经济价值评估方法体系进行创新。以科技价值分享理论为指导，以收益递进分成法为基本方法，充分结合油气储运科技成果创新创效机制及其经济特征，基于应用领域和经济效益表现形式进行分类评估，选用科学合理、简便易行的方法和参数，构建了油气储运科技成果经济价值评估模型与参数体系，开展了实证分析，为深入推进油气科技成果转化应用、促进成果转化创效奖励、提升油气科技治理能力提供技术支持和决策参考。

本书的主要研究内容包括六个方面：一是科技成果经济价值评估理论与方法，包括科技成果及其经济价值、科技成果经济价值评估理论基础、科技成果经济价值评估方法、国内外科技成果经济价值评估实践。二是油气科技成果经济价值评估现状与趋势，包括油气科技创新进展与挑战、油气科技成果经济价值评估理论与方法研究进展、油气储运科技成果经济价值评估现状与主要问题。三是油气储运科技成果分类及创新创效机制，包括科技成果的分类、油气储运技术级序构建、油气储运科技创新创效机制与成果效益类型划分。四是油气储运科技成果经济价值评估模型与参数，包括油气储运科技成果收益分成评估模型、油气储运科技成果收益分成基数测算方法与参数、油气储运科技成果分成率测算方法及取值、油气储运科技成果经济价值评估其他参数取值。五是油气储运科技成果经济价值评估实证分析，包括OD1422mm×80管线钢管研制及应用技术、油气管道长距离穿越和大跨度悬索跨越关键技术、地下储气库成套技术、输气管道无溶剂减阻防腐涂料技术等的应用评估。六是油气储运科技成果经济价值评估管理，包括油气储运科技成果经济价值评估流程、油气储运科技成果经济价值评估保障措施、油气储运科技成果经济价值评估推广应用展望。

经过研究得出四方面结论：

第一，油气储运科技成果经济价值评估应综合考虑基础贡献和特殊贡献。油气储运主要包含油气长输管道、储气库、LNG 接收站、储油库这四大类，这四类业务的科技创新成果经济效益主要表现为增加收益与节约资金。油气科技创新成果转化应用取得的总体经济效益是资本、劳动、技术和管理等生产要素协同作用的结果。油气储运科技成果转化应用后，应立足技术要素价值贡献，遵循油气储运科技活动规律，依据项目业务实际流程、科技创新全过程与产品全生命周期的不同阶段特点，合理分享科技创新成果的价值贡献。一方面，坚持油气储运领域生产要素主体地位平等投入并创造效益的基础前提，按照技术要素在全生产要素中的贡献提取基础贡献；另一方面，特殊贡献与技术价值实现过程、技术体系基本结构功能级序和创新性技术特性等因素，应当予以公平公正地综合考虑。

第二，油气储运科技创新成果收益递进分成方法，能够有效解决从总体到单一油气储运技术要素经济价值量化问题。该方法是以科技创新成果转化应用取得的总体经济效益为基础，借鉴要素分配、分享经济和收益分成理论，通过对全生产要素、储运技术层级、创新成果贡献进行三次评估分成，确定科技创新成果的经济效益，实现对单项科技创新成果的经济价值量化。因此，油气储运科技创新成果取得的经济效益等于油气储运生产项目收益净利润与科技创新成果的收益分成率的乘积。其中，油气储运科技创新成果的收益分成率是核心参数，由技术要素分成系数、技术层级分成系数、技术创新分成系数等关键参数确定。

第三，油气储运技术层级分成系数是实现按价值贡献参与收益分成的关键参数。按照行业专业学科分类和专业职称序列，遵循业务活动决定技术需求原则，以油气储运规范所涵盖的主体工程链、主体工程所涵盖的业务链、业务链所涵盖的作业链等为基础，构建油气储运技术谱系，确定一级、二级、三级技术结构和数量，再依据同层级不同技术的相对价值关系，采用层次分析法（AHP）确定权重，确定该技术单元的技术层级分成系数。因此，构建油气储运技术谱系是实现油气储运技术体系内多技术按照价值贡献逐层剥离贡献的基础工具。

第四，油气储运科技成果价值评估是一项系统工程，需要多措并举推进和保障。尤其是在要素市场化改革、创新价值导向的激励科技创新驱动发展大环境下，科技评价改革意义重大。实践证明，科技评估没有精确解，只有相对合理值。科技评估是一项复杂的系统工程，涉及效益创造的全生产要素和庞大复杂的技术体系。对油气储运科技创新成果而言，不仅要持续优化参数，还要加快建立更加完善的行业内公允的油气储运技术谱系，为评估工作规范化、制度化、市场化提供坚实基础。

此书得以成稿，特别感谢中国石油天然气集团有限公司咨询中心工程经济部原主任、教授级高级经济师申炼女士，中国石油西南油气田公司天然气经济研究所原所长、教授级高级经济师姜子昂先生在方法模型设计和参数选设方面给予的关键指导和宝贵意见；感谢中国石油西南油气田公司天然气经济研究所技术经济评价室原主任、高级经济师王径女士在参数选设和实证评估方面给予的专业指导和宝贵意见；感谢王富平、丁遥、任丽梅、彭子成、潘春锋、何昊阳、吴一凡、章成东、李佳、张岚岚、刘申奥艺、叶玉茹、张悦、何晋越、王蓓、卢沁垭、肖越月、成菲、王俊、陈灿等在研究过程中在提供资料等方面给予的大力支持。

　　本书适用于石油、天然气行业管理者和从业者阅读，适用于大型国有企业乃至能源行业深化创新发展的相关部门与人员阅读。

目　录

第一章

科技成果经济价值评估理论与方法

第一节　科技成果及其经济价值

一、科技活动

（一）科技活动的定义

联合国教科文组织（UNESCO）、国家税务总局、国家统计局对科技活动的定义（新知识、新产品、新工艺、新技术）各不相同。

1.联合国教科文组织（UNESCO）对科技活动的定义

联合国教科文组织为进行统计工作，编辑了《科学与技术统计资料收集指南》（1997 年修订本），将科学技术活动分为基础研究、应用研究、实验发展等。基础研究（Fundamental Research）旨在增加科学、技术知识和发现新的探索领域的创造性活动，其成果也通常成为普遍的原则、理论或定律。应用研究（Applied Research）旨在增加科学、技术知识的创造性的系统活动，既有针对一定实际应用目的去发展基础研究成果的性质，又为达到某些特定和预先确定的实际目标提供新的方法和途径，其成果对科学、技术领域的影响是有限的，不像基础研究成果那样能说明普遍的和广泛的真理。试验发展（Experimental Development）是运用基础研究与应用研究及实验的知识，为了推广新材、新产品、新设计、新流程和新方法，或为了对现有样机和中间生产进行重大改进的系统的创造性活动。

因此，区分应用研究与基础研究的主要标志就是目的性，如果进行研究时就已经考虑到某一特定的实际目标，就是应用研究，反之是基础研究；试验发展与二者区分的主要标志是：基础研究与应用研究是要增加科学和技术知识，试验发展则是推广新的应用。

2. 国家税务总局对研发活动的定义

国家税务总局《关于完善研究开发费用税前加计扣除政策的通知》（财税〔2015〕119号）指出，研发活动是指企业为获得科学与技术新知识，创造性运用科学技术新知识，或实质性改进技术、产品（服务）、工艺而持续进行的具有明确目标的系统性活动。研发活动具有三个要素：明确创新目标、系统组织形式、研发结果不确定。

国家税务总局和科技部2018年发布的《研发费用加计扣除政策执行指引（1.0版）》指出，企业研发活动是指具有明确创新目标、系统组织形式但研发结果不确定的活动。

3. 国家统计局对研发活动的定义

国家统计局在2019年《研究与试验发展（R&D）投入统计规范（试行）》中指出：研发活动指为增加知识存量（也包括有关人类、文化和社会的知识）以及设计已有知识的新应用而进行的创造性、系统性工作，包括基础研究、应用研究和试验发展三种类型。研发活动应当满足五个条件：新颖性、创造性、不确定性、系统性、可转移性（可复制性）。

（二）科技活动的分类

科技活动包括基础研究、应用研究、试验发展、研究与试验发展成果应用和科技服务。

基础研究：指一种不预设任何特定应用或使用目的的实验性或理论性工作，其主要目的是获得（已发生）现象和可观察事实的基本原理、规律和新知识。其成果通常为提出一般原理、理论或规律，并以论文、著作、研究报告等形式体现。基础研究包括纯基础研究和定向基础研究。纯基础研究是不追求经济或社会效益，也不谋求成果应用，只是为增加新知识而开展的基础研究。定向基础研究是为当前已知的或未来可预料问题的识别和解决而提供某方面基础知识的基础研究。

应用研究：指为获取新知识，达到某一特定的实际目的或目标而开展的初始性研究。应用研究是为了确定基础研究成果的可能用途，或确定实现特定和预定目标的新方法。其研究成果以论文、著作、研究报告、原理性模型或发明专利等形式为主。

试验发展：指利用从科学研究、实际经验中获取的知识和研究过程中产生的其他知识，开发新的产品、工艺或改进现有产品、工艺而进行的系统性研究。其研究成果以专利、专有技术，以及具有新颖性的产品原型、原始样机及装置等形式为主。

研究与试验发展成果应用：为解决研究与试验发展活动阶段产生的新产品、新装置、新工艺、新技术、新方法、新系统和服务等能投入生产或在实际中应用所存在的技术问题而进行的系统性活动。研究与试验发展成果应用不具有创新成分。此类活动包括为达到生产目的而进行的定型设计和试制以及为扩大新产品的生产规模和新方法、新技术、新工艺等的应用领域而进行的适应性试验。

科技服务：指除基础研究、应用研究、试验发展和研究与试验发展成果应用外的科技相关活动，如科普、培训、宣传等。

二、科技成果

（一）科技成果的定义

熊彼特（1912）提出"创新"的概念，认为创新是将生产要素"新组合"引入生产体系的复杂行为，是一种新的生产函数，也是企业家的重要职能。弗里曼（1987）认为技术领先不仅是技术创新的结果，还包括许多组织、制度上的创新，是一种国家创新系统演变的结果。西方发达国家普遍认为技术创新就是开发新技术或新产品、并实现规模化生产和商业化应用的过程，因此，在西方发达国家，通常较少使用"科技成果"的概念，而更多使用"研究成果（Research Achievements）""研究与开发（Research and Development）"等概念。这是由于西方发达国家的科技管理体制并非过于集中，企业已成为创新主体，大学科研立项通常与市场需求密切结合，基本不存在科研与产业明显脱节的问题。

就中国而言，《中国大百科全书》（2009 年第 2 版）认为科技成果是人们在科学技术活动中通过复杂的智力劳动所得出的具有某种被公认的学术或经济价值的知识产品。根据百科释义，科学是人类探究事物变化规律的知识体系的总称，包括自然科学和哲学社会科学两大类；技术是解决问题的方法，是生产或使用某种产品的知识和技巧。《中华人民共和国促进科技成果转化法（2015

年修订)》认为科技成果是指通过科学研究与技术开发所产生的具有实用价值的成果。职务科技成果，是指执行研究开发机构、高等院校和企业等单位的工作任务，或者主要是利用上述单位的物质技术条件所完成的科技成果。中国科学院在《中国科学院科学技术研究成果管理办法》把科技成果的含义界定为：对某一科学技术研究课题，通过观察实验、研究试制或辩证思维活动取得的具有一定学术意义或实用意义的结果。科技成果按其研究性质分为基础研究成果、应用研究成果和发展工作成果。

（二）科技成果的特征

科技成果与知识产权、专有技术等内涵上基本一致，都属于无形资产，有以下五个主要特点。

（1）新颖性、首创性。如果是理论研究成果，要有首次提出并被公认的新论点和新发现；如果是应用技术研究成果，要有首次成功应用于生产实践的新技术。

（2）科学性、先进性。科技成果要符合科学规律，体现科技进步，具备先进的技术水平，预期实现的技术经济指标达到或超过当前的同类成果水平。

（3）实用性、应用性。科技成果不仅要具备一定的学术价值，还要具备较高的成熟度，能够直接应用于生产和社会实践，取得经济和社会效益。

（4）重复性、实操性。科技成果应具有独立、完善的内容和存在形式，能够被他人重复使用或验证，同时应具备一定的实施条件。

（5）合法性、产权性。科技成果能够通过专利审查、鉴定、检测、评估等一定形式予以确认，其产权归属通常比较明确。

（三）通用科技成果分类方式

1994 年国家科学技术委员会发布《科学技术成果鉴定办法》（国家科学技术委员会令第 19 号），将科技成果分为基础理论成果、应用技术类成果（见表 1-1）和软科学成果三种类型。一是基础理论成果，主要以知识形态为表现形式，如论文、论著、考察报告等；二是应用技术成果，可直接应用于生产或服务过程，创造出知识含量或技术含量高的新产品或新服务，其表现形式主要是物质形态或以物质为应用背景的操作体系，如新产品、新技术、新

表 1-1　不同成果类型的对比

成果类型			内涵	成果形式	特点
基础研究成果			为了获得关于现象和可观察事实的基本原理的新知识而进行的实验性或理论性研究	成果以科学论文和科学著作为主要形式	没有任何特定的应用或使用目的，或虽肯定会有用途但并不确定达到应用目的的技术途径和方法
技术开发类	应用研究成果	应用基础研究成果	指那些方向已经比较明确、利用其成果可在较短期间内取得工业技术突破的基础性研究	以科学论文、专著、原理性模型为主	具有特定的实际目的或应用目标
		应用技术研究成果	为获得新知识而进行的创造性研究，主要针对某一特定的技术目的或目标。应用研究也属于科学研究范畴	以科学论文、专著、原理性模型和发明专利等为主	具有特定的实际技术目的或应用目标。发展基础研究成果确定其可能用途，或是为达到具体的、预定的目标确定应采取的新的方法和途径
	应用技术开发成果及其产业化成果		技术开发是新的科研成果被应用于新产品、新材料、新工艺的生产、实验过程，以及技术开发成果的产业化推广应用形成的成果	新的产品、装置，新的工艺和系统等成果	试验性强、时间较短、风险性较小、所需费用较大。产业化成果所需时间较长、风险性较大、所需费用更大

工艺、新材料等；三是软科学成果，是综合运用自然科学、哲学社会科学和工程技术等多学科知识和研究方法，为实践活动提供决策支撑依据的研究成果，其表现形式主要包括发展战略、对策研究、决策和管理咨询等。

依据国务院办公厅关于完善科技成果评价机制的指导意见（国办发〔2021〕26号），将技术开发类成果分为三类：应用基础研究、应用技术研究、应用技术开发。

三、科技成果经济价值

价值是一个概念体系而非一个单一的概念，可以是一种实际评价也可以是一种象征意义，可以是定性的也可以是定量。价值几乎是每个学科都会探讨的问题，而哲学中的价值应该是哲学研究中最古老、最源远流长的重要问题，为不同学科对于价值的分析、判断、评价与利用提供了重要认识标准。因此，从哲学的视域思考科技的价值，对于全面认识科技价值的内涵与本质，有着重要的促进作用。

（一）科技成果的五大价值

科技成果价值本质上是科技成果与创新主体之间的一种相互关系。《国务院办公厅关于完善科技成果评价机制的指导意见》（国办发〔2021〕26号）提出，全面准确评价科技成果的科学、技术、经济、社会、文化价值。

（1）科学价值。科学的价值主要指自然科学、社会科学和人文科学满足人类需要的功能，主要包括物质需要和精神需要的满足情况。因为自然科学是一切科学的基础，所以科学价值最核心的内容是自然科学的价值，自然科学不仅可以满足人们精神上和逻辑心理上的需求，还可以通过技术转化为直接生产力，创造物质财富，满足人们的物质需求。科学价值的全面认识是和市场经济分不开的。

（2）技术价值。技术价值既包含对于主体整体的一般价值，又包含技术的使用价值，如技术的经济价值、政治价值、文化价值、生态价值等，其特点主要有三个方面：协同性与附着性、累积性与扩散性、周期性与加速性。

（3）经济价值。科技经济价值指的是科技成果经过转化交易变成企业的技术资产，并经过企业的运作转变成产业化商品，最终通过市场交易实现的价值。油气科技运用所带来的经济增长是科技成果经济价值的最直接体现。

（4）社会价值。科技是油气生产发展的推动力，逐步改变着天然气产业结构、油气生产方式和社会发展方向。科技成果的社会价值是主要表现在三个方面：生产力的提高、生产方式的变革和产业结构的升级。随着天然气技术的不断推广和应用，油气生产模式规模不断发展。

（5）生态价值。科技客体被用于对自然的改造活动过程中，对协调人类需求与自然环境的矛盾、维持油气生态系统的平衡所发挥出的积极作用即为其生态价值。科技生态价值主要体现在自然资源利用效率的提高、环境污染现象的治理与缓解、生物资源的保护等方面。

（二）科技成果经济价值的定义与分类

2021年2月1日实施的国家标准《科技成果经济价值评估指南》（GB/T 39057—2020）中，科技成果的经济价值是指从科技成果转化和应用中获得的经济利益的货币衡量。

直接经济效益是一项科技产品或成果的生产、应用及转化并形成生产力，为科技成果的持有方和应用方带来的一次性（直接）经济效益。间接经济效益是由于一项科技产品或成果的生产、应用而对其他企业、领域、产品的带动和对市场的拉动效应，产生的二次或多次（间接）增加经济效益的效果。潜在经济效益是科技产品或成果在可能范围内扩大应用推广后，可能取得的预测经济效益。

根据定义，科技成果经济价值指的是可以用货币衡量的直接经济效益。

四、科技成果经济价值评估

（一）科技成果经济价值评估的内涵

根据《科技成果经济价值评估指南》（GB/T 39057—2020），科技成果经济价值评估是指根据一定的目的与假设前提，按照一定的程序，综合运用相关理论、模型与方法，对科技成果经济价值进行分析、估算的过程。

因此，科技成果的经济价值评估指的是定量评价。

（二）科技成果经济价值评估的难度

科技活动紧密围绕生产需求开展，多项科技成果与生产成果融于一体、单项科技成果价值贡献难以分离。同一科技成果应用于不同对象，产生的价值不同，且存在贡献滞后性和作用年限模糊性，使得科技成果价值评价工作的实践性更强、评价难度更大。科技成果经济价值评估难度大、实践性强。

第二节　科技成果经济价值评估理论基础

一、马克思主义劳动价值论

　　劳动至上是马克思主义的重要价值原则，劳动价值论是马克思主义政治经济学的理论基石，仍然是指导当前经济社会科学发展的重要理论依据。通过对商品关系的分析，马克思阐明了商品的二因素和生产商品的劳动二重性、价值量和价值规律、价值形式的发展和货币的起源、商品经济的基本矛盾和基本规律，形成了科学的劳动价值论。马克思劳动价值论是一个严谨的科学理论体系。

　　第一，马克思主义劳动价值论扬弃了英国古典政治经济学的观点，为剩余价值论的创立奠定了基础。马克思在继承古典政治经济学劳动创造价值的理论的同时，创立了劳动二重性理论，第一次确定了什么样的劳动形成价值，为什么形成价值及怎样形成价值，阐明了具体劳动和抽象劳动在商品价值形成中的不同作用，从而为揭示剩余价值的真正来源，创立剩余价值论奠定了基础。此外，马克思的资本有机构成理论、资本积累理论、社会资本再生理论等政治经济学的一系列重要理论的创立也都同劳动二重性学说有关。因此，劳动二重性理论成为理解政治经济学的枢纽。

　　第二，马克思主义劳动价值论揭示了商品经济的一般规律，为社会主义市场经济发展提供了理论指导。马克思主义劳动价值论是在对资本主义商品经济的分析中得到的，但是如果撇开其中的制度因素，它包含的关于价值的本质和价值量的规定的理论，关于价值形式的演变和货币的产生及其本质的理论，关于价值规律的理论等，都是对商品生产、商品交换和市场经济发展最一般规律的揭示。

二、西方经济学生产要素理论

（一）柯布—道格拉斯生产函数

柯布—道格拉斯生产函数最初是美国数学家柯布（C.W.Cobb）和经济学家保罗·道格拉斯（Paul H.Douglas）共同探讨投入和产出的关系时创造的生产函数，是在生产函数的一般形式上做出的改进，引入了技术资源这一因素。该函数是用来预测国家和地区的工业系统或大企业的生产和分析发展生产途径的一种经济数学模型，简称生产函数，是经济学中使用最广泛的一种生产函数形式，它在数理经济学与计量经济学的研究与应用中都具有重要的地位。

柯布—道格拉斯（Cobb–Douglas）生产函数一般表达式为：

$$Y=A_0 \mathrm{e}^{rt} K^{\alpha} L^{\beta} \tag{1-1}$$

其中，Y 为产出，A_0 为生产效率系数，K、L 分别为资本投入和劳动力投入，α、β 分别为资金投入弹性系数和劳动力投入的弹性系数，r 为技术进步率，t 为时间变量。为避免多重共线性的影响，假定规模收益不变，即 $\alpha+\beta=1$。

（二）索洛余值法

1957 年美国经济学家索罗（Robert.M.Solow）在其著名的论文《技术变化与总量生产函数》中将技术进步纳入生产函数中，建立了产出增长率、全要素生产率增长率和投入要素（劳动、资本）增长率的量化关系，从而使技术进步的测算具有可操作性。索洛在中性技术生产函数假设下推导出增长速度方程，定量分离出广

义技术进步在经济增长中的作用。索洛开创了用增长速度方程对
美国科技进步进行实证研究从而进行经济增长源泉分析的先河。
他因此于 30 年后的 1987 年获得了诺贝尔经济学奖。30 年的磨砺
验证了索洛模型，成就了其经典性。

索洛余值法即增长速度法，它通过投入量和产出量的增长速
度来计算科技进步对经济增长的贡献。这种方法的适用范围较广，
不仅适用于国家或部门的测算，而且还可以用于企业科技进步评
价。但越是微观的部门，其计算准确度就相应地越小。索洛余值
法的表达式为：

$$a=y-\alpha k-\alpha-\beta l \qquad (1-2)$$

其中，a 为科技进步的平均增长速度，y 为产出的年平均增长速度，
k 为资金的年平均增长速度，l 为劳动的年平均增长速度，α、β 分
别为资金投入弹性系数和劳动力投入的弹性系数（可由柯布—道
格拉斯生产函数回归求得）。

科技进步贡献率为：$E_A = \dfrac{a}{y} \times 100\%$ $\qquad (1-3)$

资金增长贡献率为：$E_K = \alpha \dfrac{k}{y} \times 100\%$ $\qquad (1-4)$

劳动力增长贡献率为：$E_L = \beta \dfrac{l}{y} \times 100\%$ $\qquad (1-5)$

其中：

$$y = (t\sqrt{\frac{Y(t)}{Y(0)}} - 1) \times 100\% \; ; \; k = (t\sqrt{\frac{K(t)}{K(0)}} - 1) \times 100\% \; ; \; l = (t\sqrt{\frac{L(t)}{L(0)}} - 1) \times 100\%$$

$$(1-6)$$

$Y(t)$ 为第 t 年全企业的总产值，$K(t)$ 为第 t 年全企业的资金投入量，

包括固定资产年平均值和流动资金年平均余额之和，$L(t)$ 为第 t 年的职工人数，$Y(0)$ 为计算基准年全企业的总产值，$K(0)$ 为计算基准年全企业的资金投入量，$L(0)$ 为计算基准年全企业的职工人数。

三、西方经济学效用价值理论

效用价值论（Utility Theory of Value）以物品满足人的欲望的能力或人对物品效用的主观心理评价解释价值及其形成过程的经济理论。它同劳动价值论相对立。在 19 世纪 60 年代前主要表现为一般效用论，自 19 世纪 70 年代后主要表现为边际效用论。

效用价值论在 17 世纪至 18 世纪上半期经济学著作中有了明确的表述和充分的发挥。英国早期经济学家 N. 巴本是最早明确表述效用价值观点的思想家之一。他指出，一切物品的价值都来自它们的效用；无用之物，便无价值；物品效用在于满足需求；一切物品能满足人类天生的肉体和精神欲望，才成为有用的东西，从而才有价值。意大利经济学家 F. 加利亚尼是最初提出效用价值观点的人之一。他指出，价值是物品同需求的比率，价值取决于交换当事人对商品效用的估价，或者说，由效用和物品稀少性决定。

"边际效用"一词，由维塞尔所首创。边际效用论者从对商品效用的估价引出价值，并且指出价值量取决于边际效用量，即满足人的最后的，即最小欲望的那一单位商品的效用。价值纯粹是一种主观现象，正如门格尔所指出的："价值既不是附属于财货之物，也不是财货应有的属性，更不是它自身可以独立存在的。"

价值尺度是边际效用，而边际效用的出现是人的享乐定理即"戈森定理"发生作用的结果。按照边际效用递减定理，人对物品的欲望会随欲望的不断被满足而递减；如果物品数量无限，则欲望可得到完全满足即达到欲望饱和状态，这意味着边际效用递减到零，从而物品效用（价值）也完全消失。然而，数量无限的物品只限于空气、阳光和泉水等少数的几种（自由物品），除此之外的大多数物品的供给量是有限的（经济物品）。在供给量有限的条件下，人不得不在欲望达于饱和前的某一点放弃他的满足；如果涉及的欲望不止一种（这是通例），按照戈森的边际欲望相等规律，为取得最大限度满足，务必把数量有限的物品在各种欲望之间做适当的分配，使各种欲望被满足的程度相等，这样，各种欲望都要在达到完全满足之前的某一点中止下来。这个中止点上的欲望，必然是一系列递减的欲望中最后被满足的最不重要的欲望，它处在被满足和不被满足的边沿上，这就是边际欲望；物品满足边际欲望的能力就是边际效用，它必然是物品一系列递减效用中最后一单位所具有的效用，即最小效用。因为只有这个边际欲望和边际效用最能显示物品价值量的变动，即随物品数量增减而发生的相反方向的价值变动，所以，边际效用能够作为价值尺度。

边际效用论者深刻指出，不能直接满足人的欲望的生产资料的价值，由它们参与生产的最终消费品的边际效用决定。维塞尔在生产三要素理论基础上，将这个论点发展为一种"归属论"。这一理论指出，各生产要素（土地、劳动和资本）都具有生产力即创造价值的能力；生产要素的不同组合可以产生不同的效用（价值）；据此，便可列出表示不同组合带来不同效用的方程式；在方程式数目等于未知数（生产要素）数目的条件下，便可计算出各生产要素的生产性贡献，即应归属于它的份额。维塞尔的归属论是生产论和分配论的综合。

四、分享经济理论

分享经济理论是美国麻省理工学院经济学教授马丁·魏茨曼在 1984 年提出的。魏茨曼发表了《分享经济——用分享制代替工资制》一文，提出了改变劳动报酬和利润分配的设想，也就是分享经济理论。当时，美国正面临经济滞胀、劳动者与持有者矛盾日益深化的情形，劳动者的收入日益减少，而资本持有者无法使资本与劳动力要素有效结合，社会产品由于社会消费动力不足，也面临着滞销。为了摆脱这种政治、经济困境，分享经济理论应运而生。魏茨曼将当时的资本主义经济划分为两种经济成分，分别为工资经济和分享经济，这形成了劳动者劳动报酬的新结构，也就是工资制度和分享资本持有者资本利润的制度。工资制度是指"厂商给员工的报酬是与某种同厂商经营无关的外在核算单位（如货币或生活费用指数）相联系"，分享制度则是"工人的工资与某种能够恰当反映厂商经营的指数（如厂商的收入或利润）相联系"。

魏茨曼的理论认为，劳动创造出来的价值，与企业的利润直接联系，劳动创造的价值越高，企业的利润越大。但是，企业接受员工的劳动服务，需要支付相应的劳动成本，这就使得劳动成本与企业利润之间存在矛盾，如何找到这个矛盾的平衡点，使劳动者的收入提高，同时使企业利润的增长大于劳动者收入的提高数额，这就需要将劳动收入划分为两个部分：一部分为普通的工资收入，另一部分为与企业价值或新增利润直接相关的每股收益部分。利润分享制度在一定程度上已经突破了传统的工资分配制度，它将劳动收入与企业利润建立了直接联系，同时将劳动收入的最大化与企业利润的最大化形成正向配比关系。该种理论的实施和应用，一方面增长了劳动者的收入，使他们有能力购买商品或服务，从而促进消费；另一方面，能够调动和提升劳动者生产服务的积极性，从而促进企业的生产，为企业赢得更多的利润空间；更为重要的是，它可以同时促进就业、消费、扩大再生产，使社会的经济发展进行一个良性上升的循环。

五、无形资产评估理论

（一）无形资产分类

无形资产是指没有实物形态的可辨认非货币性资产。无形资产具有广义和狭义之分，广义的无形资产包括金融资产、长期股权投资、专利权、商标权等，因为它们没有物质实体，而是表现为某种法定权利或技术。

（1）人力资本类：指企业员工的工作技能、知识和经验等。这些资产可以帮助企业提高效率、创新和产品质量，从而增加企业竞争力。

（2）商誉类：指企业因品牌、声誉、客户基础、市场份额等因素而产生的非物质资产。这些资产可以为企业带来额外的价值，并且对企业未来的经济发展具有积极的影响。

（3）技术类：指企业自主研发的技术、软件、数据库、专有的技术流程和标准等。这些资产可以为企业提供技术优势和竞争优势，同时也需要保护和维护。

（4）运营资产类：指企业所拥有的客户、供应商、合同和许可证等。这些资产可以为企业带来现金流，提高企业的经济效益。

（二）无形资产评估理论

无形资产评估作为一门科学，形成了自身的理论体系。无形资产评估理论和实践中，各要素具有自身特定的地位和作用。无形资产评估的理论体系框架由五个层次构成。

第一层次是无形资产评估的目的。无形资产评估目的是无形资产评估的现实起点，它回答为什么对无形资产进行评估，提供无形资产评估的基本前提即特定资产业务要求特定的市场框架，提出对无形资产评估依据、原则标准、客体、主体的要求。无形资产评估目的的不同决定着无形资产估价的一切基本方面，因而，无形资产评估目的是无形资产评估理论中最高层次的范畴。

第二层次的范畴包括了无形资产评估依据和评估原则。无形资产评估工作要基于特定的法律、法规、政策、市场环境等因素，按照特定准则进行。在确定了无形资产评估目的之后，据此目的确定须遵循的原则、依据，在它们的指导和约束下，选择评估标准。

第三层次的范畴是无形资产评估标准、评估主体、评估客体和评估程序。无形资产评估工作中，评估主体、客体和程序的选择，很大程度上由特定评估目的决定下的评估依据和原则加以约束和引导。因此，它们是次于评估依据和程序的第三层次要素。无形资产评估标准是贯穿于无形资产评估理论与实践的主线，它一头连接无形资产评估目的，另一头连接评估方法，是无形资产评估理论体系中极为重要的枢纽，也属第三层次的范畴。

第四层次是无形资产评估方法。无形资产评估方法是评估标准下的具体选择。每一评估标准有不同的评估方法可供选择，这需要依据评估目的，结合评估相关因素确定。无形资产评估方法是次于评估标准的层次。

第五层次是无形资产评估结果。无形资产评估结果是具体方法下得出的评估价格的认定，它是综合了以上所有范畴的因素影响而得出的最终结果，是无形资产评估理论的最后一层次的要素。

综上所述，无形资产评估具有自身的规律可循，形成了独特的理论体系，我们在无形资产评估工作中，应充分认识其规律，总结之，适应之，使无形资产评估理论体系更为完善，充分发挥其指导实践的作用。

第三节　科技成果经济价值评估方法

一、技术价值评估方法

技术价值评估一直以来都是一个世界难题，没有固定的标准和方法。目前，国际上资产评估常用的方法有重置成本法、收益现值法、现行市价法（简称成本法、收益法、市场法）三种。中国《资产评估准则——无形资产》中规定，资产评估方法主要有成本法、收益分成法和市场法，其内涵与国际上通行的三种评估方法相同。同样，国内通常采用无形资产的三种基本方法来评估技术型资产的价值。

（一）成本法

成本法是指在计算出评估对象重置成本的基础上，扣减实体性、功能性和经济性这三项贬值后的剩余金额作为评估对象价值的方法。

1.内涵、基本原理和评估模型

在一般商品的交换中，成本是决定交换价值的最基本的因素。

因此，成本被当作价值的基础。作为估价依据和计量的成本可以是被评估的资产本身的成本，也可以是其等价物相同商品的重置成本。为了便于鉴别和计算，也为了扣除其他因素（如通货膨胀、贬值等）的影响，一般以重置成本为计量对象，即采用重置成本法。重置成本是指在现行市场条件下重新购建一项全新资产所支付的全部货币总额。重置成本与原始成本的内容构成是相同的，而二者反映的物价水平是不相同的，前者反映的是资产评估日期的市场物价水平，后者反映的是当初购建资产时的物价水平。在其他条件既定时，资产的重置成本越高，其重置价值越大。重置成本法就是在现实条件下重新购置或建造一个全新状态的评估对象，所需的全部成本减去评估对象的实体性陈旧贬值、功能性陈旧贬值和经济性陈旧性贬值后的差额，作为评估对象现实价值的一种评估方法，其计量基本模型为：

$$评估价值 = 重置成本 - 实体性贬值 - 功能性贬值 - 经济性贬值 \tag{1-7}$$

实体性贬值是指从法律或具有法律效力的合同、协议等文件规定方面，来证实某项无形资产已经丧失有效年限的时间，从而确定其时效性陈旧贬值。该种时效性陈旧贬值相当于固定资产的实体性陈旧贬值。其计算公式为：

$$失效率 = 失效年限 / 总有效年限 \times 100\% \tag{1-8}$$

$$有效性陈旧贬值 = 重置成本 \times 失效率 \tag{1-9}$$

功能性贬值，又称无形磨损贬值，是由于技术相对落后造成的贬值，即由于技术进步出现性能更优越的新资产，使原有资产部分或全部失去使用价值而造成的贬值。在无形资产评估中，由于无形资产变化较快，恰当估计无形资产的功能性贬值具有更为重要的意义。计算功能性贬值时，主要应根据资产的运营成本和效用，包括资产运营中生产效率、工耗、物耗、能耗水平等功能方面的差异，相应确定功能性贬值额，并且需要重视技术进步因素，注意替代设备、替代技术、替代产品的影响，注意行业技术装备水平现状和资产更新换代的速度。

经济性贬值，也称为无形磨损贬值，是由于外部经济环境变化引起的与新资产相比较获利能力下降而造成的损失。例如市场需求的减少、原材料供应的变化、成本的上升、通货膨胀、利率上升、政策变化等因素，使原有资产不能发挥应有的效能而贬值。计算经济性贬值时，主要是根据由于产品销售困难而开工不足或停止生产，形成无形资产的闲置或价值得不到实现等因素，来确定其贬值额。

2. 适用条件及局限性

在无形资产评估中，单独使用重置成本法是以摊销为目的的无形资产评估。另外，工程图纸转让、计算机软件转让和其他技术转让中最低价格的评估，收益额无法预测和市场无法比较的技术转让等也采用成本法。而更多的场合是重置成本法与收益法结合使用，如用于专利权专有技术和整体无形资产的评估，但是当评估价格中重置成本部分远大于收益部分时可以单独采用重置成本法进行评估。

无形资产成本法的局限性表现为无形资产的成本问题，以成本作为评估依据的基本条件：一是成本能够识别；二是成本能够计量。识别和计量的成本可以是被评估商品本身的成本，也可以是相同商品的再生产成本，为了排除贬值和通货膨胀等因素的影响，成本一般以再生产成本为计量对象，在实际操作中应区别不同情况进行处理，对商誉、权利类和关系类无形资产的评估，由于其成本不能识别，也不能计量，因此不适宜用成本法。对标识形态类无形资产的评估，主要包括商标、服务、标记、名牌等无形资产。最典型的是商标，一般认为其创造成本是商标的设计费、注册登记费等，这些成本都很低，如果用成本法进行评估显然是与其实际价值相背离的，反映商标价值的主要内容应该是使用该商标所生产的商品的质量、信誉和其社会形象，因此不适宜用重置成本法。对版权类无形资产的评估，即版权或著作权的成本包括物化劳动和活劳动两方面的消耗。众所周知，创作作品主要靠人的智力投入，因此其成本主要是活劳动的消耗，对于智力劳动的计量问题，以创作人员的工资和创作时间来计量显然是不合理的，工资只是一种平均价格，它不直接反映创作作品的智力劳动的价值，而且智力劳动的时间计量也是很困难的，因此重置成本法对版权类无形资产的评估也是不适用的。另外，现实生活中资产的价格取决于其效用，而不是所花费的成本，资产成本的增加并不一定能增加其价值，投入成本不多也不一定说明其价值不高。同时，采用成本法进行估价比较费时费力，难度最大的就是损耗的计算，尤其是对陈旧的资产，往往是以估价人员的主观判断为依据，这同样会影响估价的准确性。

（二）市场法

1. 内涵、基本原理和评估模型

市场法是指通过市场调查，选择一个或几个与评估对象相同或类似的资产作为评估对象，分析比较对象的成交价格和交易条件，进行对比调整，估算资产价格的方法。即以资产的现行市场价格作为价格标准，来确定被评估资产价格的一种资产评估方法，也称市价法。在实际中，如果能从市场上找到与被评估资产完全一致的参照物，就可以直接以参照物的交易价格来确定。但在实际中往往找不到与被评估资产完全一样的参照物，只能找到相似的参照物，这就需要经过调整得出评估资产的现行价值。其基本计量模型是：

$$评估价值 = 市场交易参照物价格 \pm 被评估资产与参照物间差额 \tag{1-10}$$

2. 适用条件及局限性

适用条件主要是该类资产的市场发育比较充分、交易比较活跃。倘若该类资产市场很不健全或交易量很少，那么就很难取得评估基准期被评估资产的现行市场价格，也就无法用市场法进行评估。该资产的有关指标或作为类比物的技术参数、现行市价具体数值等资料是可以搜集到的，且被评估对象只能是单项资产。

采用市场法的局限性在于能否找到合适的参照物。在发达国家和地区，市场数据是很丰富的，而在新兴市场，市场数据相对稀少。在资产（尤其是房地产）市场发育较为成熟的国家和地区，如英国、美国、日本、中国台湾和中国香港等地，由于易于找到众多相似的可比资产，所以在各类资产评估中广泛采用市场法。但在一些资产市场尚不够成熟的地区，就很难采用这种方法进行估价。而且，即便是在资产市场比较发达的地区，市场法在某些情况下也不完全适用，如由于某些原因导致特定区域在一段较长的时期内没有发生资产交易的情形。另外，市场法需要在交易情况、交易日期、资产特征等方面对比较对象进行修正，这个过程很难采用量化的计算公式，只能由评估人员凭其知识和经验进行判断，这也将影响评估的准确性。另外市场法不适用于专用机器设备和大部分的无形资产，以及受到地区、环境等严格限制的资产的评估。

（三）收益法

1.内涵、基本原理和评估模型

收益法是指将评估对象剩余寿命期间每年的预期收益，用适当的折现率折现，累加得出评估基准日的现值，以此计算资产价值的方法。根据收益法评估资产的基本原理，应用收益法评估无形资产的计算公式为：

$$V = \sum_{i=1}^{n} \frac{R_i}{(1+r)^i} \qquad (1-11)$$

$$V = \sum_{i=1}^{n} \frac{K \cdot R_i}{(1+r)^i} \qquad (1-12)$$

其中：

V——无形资产评估值，i——收益年限序号，n——收益年限，r——折现率；式（1-11）中 R_i——第 i 年使用无形资产带来的收益，式（1-12）中 R_i——总的超额收益，K——无形资产分成率，KR_i——表示由无形资产带来的收益。

关于收益额的折算方法，目前应用比较广泛的是通过对销售收入或销售利润进行分成来确定收益额，因为分成支付方式能使技术的报酬与实施技术后的利益挂钩，较好地体现了风险共担、利益共享的原则。计算公式为：

收益额 = 销售收入 × 销售收入分成率 = 销售利润 × 销售利润分成率　　　　　　　　　　　　　　　　　　　　（1-13）

销售利润分成率 = 销售收入分成率 ÷ 销售利润率　　（1-14）

分成方式按销售额分成，分成率一般为 1% ~ 5%，按销售利润分成，分成率一般为 5% ~ 30%。不同的行业分成率很不相同。根据联合国贸易和发展组织的大量材料统计，一般情况下技术的分成率约为产品净销售额的 0.5% ~ 10%，绝大多数为 2% ~ 6%。

折现年限的确定应遵守经济寿命和法定寿命孰短原则，无形资产折现年限的确定方法包括三种。一是法定年限法，以法定（合同）期限内的剩余经济寿命作为折现年限。二是更新周期法，根据无形资产的更新周期评估其剩余经济年限，无形资产的更新周期有两大参照系（产品更新周期和技术更新周期），采用更新周期法，通常是根据同类无形资产的历史经验数据，运用统计模型来分析。三是剩余寿命预测法，剩余经济寿命预测法是直接由专家评估无形资产尚可使用经济年限。这需要与有关技术专家和经验丰富的市场营销专家沟通，特别是企业的技术秘诀，依靠本企业的专家判断能比较接近实际，但需对判断中的片面因素进行修正。

2. 适用条件及局限性

收益法适用范围主要有:（1）被评估资产应具备持续经营条件，并以持续经营来获取利润或收益为目的。这是由收益法本身所决定的。如果没有持续经营或者说如果不以获取收益为目的，收益法就失去了其存在的基础。常见的持续经营分为两种情况：一是有限持续经营，如承包、租赁一般都有特定时间限制，对这种情况应采用有限期持续经营情况下的折现方法加以折现，其折现率的确定宜结合本企业收益率，以同行业收益率为主。二是永续经营，如股份制改造、联合、联营、参股、所有权转让等活动中的评估，一般以永续经营为折现前提。（2）被评估资产必须是能用货币衡量其未来收益的单项或整体资产。（3）社会基准收益率或行业收益率、折现率可以确定。（4）资产所有者或经营者所承担的风险等因素可以用货币来衡量。

虽然收益法的基本思想简单明了，易于理解，而且从理论上来讲，收益法的评估结论还具有较好的可靠性和说服力，但是在收益法的计算中，确定适当的折现率、收益年限和预测资产未来纯收益并不容易。对于没有收益的资产或者收益无法测算的资产，无法采用收益法实施评估，而且未来收益的估算也受到企业经营管理水平的影响。在实际操作中，还原利率的确定随意性大，往往对评估结果产生较大影响。

（四）方法比对

三种价值评估方法对比分析情况详见表1-2。

表1-2　主要技术价值评估方法的对比性分析表

方法	适用性	优点	缺点
成本法	成本能够识别且能计量、或以摊销为目的的技术评估	可实行度高，数据获得准确，评估结果可成为其他评估方法的参照	评估结果和无形资产价值会出现差距；成本的计算不完整，导致技术的开发费用与成果的对应性较弱
收益法	集中考虑技术在使用过程中所能带来未来收益的能力，要求合理的技术分成率	方法成熟度高、参考案例多、市场接受度高	对未来收益的预测和对资产获利能力的判断有一定的主观性和随意性；特别是对技术分成率的确定有较大的难度
市场法	最直接简单、应用最广，要求存在三个以上类似参照物，且参照物比较标准可搜集、影响因素可量化、公开交易	直接运用市场信息作为评估依据，更能反映无形资产的市场行情，市场信息准确	应用前提条件苛刻，要求市场化程度高；由于知识产权的创新性和垄断性，获取相关信息资料困难；对油气技术资产的非标准性，使修正方法和修正因素的取值成为难点

二、科技成果经济价值评估研究进展

伴随着 2009 年国家出台的《科学技术研究项目评价通则》，为科技项目的评价提供了科学、规范的方法，科技成果评估成为近年评估领域的一个关注热点，各地方政府也相继出台了评价规范文件，如《青岛市科技成果标准化评价规范》《广东省科技成果评价办法》《湖北省科技成果评价工作规程》《天津市的科技成果评价指标体系》等。

与中国近年才开始重视发展不同，国外的科技评估工作起步较早。美国于 20 世纪初成立国会服务部（CRS），直接针对各委员会及议员提出的各类问题进行研究、分析和评估。20 世纪 50 年代，日本政府和企业就把技术评估作为管理和推进研究开发的手段，并建立了技术评价体系和技术评价支持系统。德国于 1957 年成立了专门的科技评估执行机构——科学委员会。经过多年的发展，科技评估在这些国家已成为制度化、经常性的工作。

在中国，科技成果评估热潮兴起于 20 世纪 70 年代末，在 1978 年 3 月召开的全国科学大会开幕式上邓小平同志指出：科学技术是生产力。中国科技界展现出了前所未有的劳动热情和创新精神，大量的科技成果问世。为了适应该时期中国经济和科技的发展需要，国家科委相继颁布了《中华人民共和国科学技术委员会科学技术成果鉴定办法》《科学技术成果鉴定办法》《科技成果评估试点工作管理暂行规定》等规范性文件，科技成果评估工作逐渐走上了专业化的道路。

第四节　国内外科技成果经济价值评估政策与实践

一、国外科技成果经济价值评估实践

科技成果评估方法的形成是一个不断发展和完善的过程。目前，科技成果评估的方法仍在不断研究和探索之中。现采用的方法很多，美国、法国、日本等国的科技成果评估采用定性和定量分析相结合的方法。英国、瑞士在进行科技成果评估时以定性分析为主，瑞典主要采用定性分析方法。

（一）美国

美国的科技成果评估有完善的立法保障，国会颁布的《政府绩效与结果法案》规范了政府部门的绩效评估活动，其中要求所有联邦机构的科技活动使用绩效评估技术并向公众通报评价结果。针对不同研究项目的特点选择不同的评估方法、评估对象、评估时间范围、评估流程和评估专家等。

以美国国家科学基金会为例，主要侧重于基础研究类项目，其科技成果评估主要从四个方面进行考虑：一是研究水平，主要考察研究者研究方法的好坏；二是项目在科研上的贡献，主要考察是否可能产生新的发现或发明，或是否对该领域的科研产生重大影响；三是实用性，主要考察是否有助于实现某一具体目标，解决某一具体问题，或有助于技术进步；四是对科学基础设施的贡献，主要考察科研效益、对教育和人才的贡献等。

美国一些政府部门的科技成果评价主要采取"技术成熟度概

念",细分为九级,所属级别越高说明该技术越成熟,则发展成为成熟产品的可能性越大。

（二）法国

法国的科技成果评估具有完善的法律制度：法国第一部科技法《科技方针与规划法》被视为公共研究机构的根本大法；《科技规划与指导法》从法律上确立了科技评估的地位,其中明确规定评估人员必须对其所作评估负法律责任,若存在违法行为将受到法律的制裁；《技术创新与科研法》中规定所有公共研究机构应与政府签订涉及整个研究活动的多年期合同,该合同确定研究机构的目标和双方相互的承诺,相应的其实施活动接受政府评估。法国的科技评估活动呈现市场化特征,例如应用型技术成果一般是通过知识产权保护制度,以市场的方式对科技成果进行评估。

（三）日本

日本陆续出台了相应的科技评估法律法规：1995年日本政府颁布了《科学技术基法》,明确了科技评估的地位；1997年日本科学技术会议审议通过了《国家研究开发评价实施办法大纲指针》,极大地推进了日本研究评价体制的建设。以日本学术振兴机构JST为例,其对基础研究项目的执行情况评估是通过对项目成果的后评估来实现的,由JST支持的专家组成的评估小组进行评估,通过座谈会等形式对评估进行补充,并向公众介绍研究成果。评估小组按照若干评价指标对项目进行评估：是否在国际上建立新的研究领域；是否有其他研究机构资助该领域的项目；该项目的设计和管理是否完善；该项目是否创造了价值或取得了创造性的研究成果；该项目是否对日本的研究潜力有提升等。

二、国内科技成果经济价值评估实践

（一）政策文件与标准规范

1. 政策文件要求

党的十九届五中全会提出要立足新发展阶段、贯彻新发展理念、构建新发展格局，努力使创新成为第一动力。科技创新是引领经济社会发展的重要因素，如何更好彰显科技成果价值，推进科技成果价值化，是实施创新驱动发展的重要一环。2016年全国科技创新大会提出，要改革科技评价制度，建立以科技创新质量、贡献、绩效为导向的分类评价体系，正确评价科技创新成果的科学价值、技术价值、经济价值、社会价值、文化价值。《中共中央关于制定国民经济和社会发展第十四个五年规划和二〇三五年远景目标的建议》中关于"坚持创新驱动发展"的论述提出：健全以创新能力、质量、实效、贡献为导向的科技人才评价体系；构建充分体现知识、技术等创新要素价值的收益分配机制，完善科研人员职务发明成果权益分享机制；完善科技评价机制，优化科技奖励项目；提高科技成果转移转化成效等，都需要以科学客观的科技创新成果经济价值评估理论与方法为前置条件才能实现。

自国家实施创新驱动发展战略以来，国家围绕成果转化、绩效评价、收益分配等关键环节，先后出台了系列政策（见表1-3），在推进科技体制机制改革纵深发展的同时，为科技成果评估工作提供了重要的政策制度保障。

表 1-3　国家出台的关于科技评价政策及核心要点概览

时间	出台部门	文件名称	政策核心要点
2015年3月	中共中央国务院	《关于深化体制机制改革加快实施创新驱动发展战略若干意见》	完善成果转化激励政策：加快下放科技成果使用、处置和收益权，提高科研人员成果转化收益比例（不低于总额50%），加大科研人员股权激励力度
2015年8月	第十二届全国人大常委会（修订）	《中华人民共和国促进科技成果转化法》	完善评价激励机制，对科技成果主要完成人和其他对成果转化做出重要贡献的人员，区分不同情况给予现金、股份或者出资比例等奖励和报酬；企业按规定提取的奖酬金不受当年本单位工资总额限制
2016年3月	国务院办公厅	《实施〈中华人民共和国促进科技成果转化法〉若干规定》	营造科技成果转移转化良好环境，从技术转让或者许可所取得的净收入中提取50%激励科技人员，主要贡献者获得奖励份额不低于奖励总额50%
2016年5月	中共中央国务院	《国家创新驱动发展战略纲要》	把技术转移和科研成果对经济社会的影响纳入科研院所评价指标，把研发投入和创新绩效作为国有企业重要考核指标
2016年7月	中共中央办公厅、国务院办公厅	《进一步完善中央财政科研项目资金管理等政策的若干意见》	加大对科研人员的激励力度，取消绩效支出比例限制，绩效支出安排与科研人员在项目工作中的实际贡献挂钩；明确劳务费开支范围，不设比例限制
2016年11月	中共中央办公厅、国务院办公厅	《关于实行以增加知识价值为导向分配政策的若干意见》	通过稳定提高基本工资、加大绩效工资分配激励力度、落实科技成果转化奖励等激励措施，构建体现增加知识价值的收入分配机制，加强科技成果产权对科研人员的长期激励
2018年7月	中共中央国务院	《关于优化科研管理提升科研绩效若干措施的通知》	推进科技领域"放管服"改革：优化科研项目和经费管理，完善有利于创新的评价激励制度，强化科研项目绩效评价，完善分级责任担当机制，开展基于绩效、诚信和能力的科研管理改革试点

续表

时间	出台部门	文件名称	政策核心要点
2019 年 1 月	国务院办公厅	《关于抓好赋予科研机构和人员更大自主权有关文件贯彻落实工作的通知》	深入推进下放科技管理权限工作，进一步做好已出台法规文件中相关规定的衔接，特别是应明确各单位内部科研人员获得科技成果转化收益的具体办法
2020 年 5 月	科技部等九部门	《赋予科研人员职务科技成果所有权或长期使用权试点实施方案》	试点单位可赋予科研人员不低于 10 年的职务科技成果长期使用权，发放给技术开发、技术咨询、技术服务等科技成果转化重要贡献人员的现金奖励不受单位总量限制
2021 年 2 月	人社部、财政部、科技部	《事业单位科研人员职务科技成果转化现金奖励纳入绩效工资管理有关问题的通知》	事业单位、科研单位的科研人员获得的职务科技成果转化现金奖励计入当年本单位绩效工资总额，不受总量限制、不纳入总量基数、不作社保缴费基数
2021 年 4 月	国家发展改革委、科技部	《关于深入推进全面创新改革工作的通知》	四项任务：构建高效运行的科研体系、打好关键核心技术攻坚战、促进技术要素市场体系建设和包容审慎监管新产业新业态。特别强调赋予科研人员职务科技成果所有权和长期使用权，制定科技成果转化尽职免责负面清单和容错机制
2021 年 7 月	国务院办公厅	《关于完善科技成果评价机制的指导意见》	围绕科技成果"评什么""谁来评""怎么评""怎么用"完善评价机制，作出明确工作安排部署
2021 年 12 月	国务院办公厅	《要素市场化配置综合政策试点总体方案》	健全职务科技成果产权制度，建立健全对科技成果转化人才等的评价与激励办法等
2022 年 1 月	全国人民代表大会常务委员会	《中华人民共和国科学技术进步法》	对从事不同科学技术活动的人员实行不同的评价标准和方式，突出创新价值、能力、贡献导向

国家系列文件主要精神：一是持续鼓励支持科技创新并大力推动科学技术成果的推广应用；二是不断强化以科技创新成果为载体的科技收益分配与科技激励创新；三是大幅提高科研人员奖励比例（对科研人员奖励和报酬的最低标准由现行法律不低于转化收益的 20% 提高至 50%）等。贯彻落实文件精神，使得不断规范科技成果转化的评估活动、有序开展科技成果评估方法标准显得更加重要。

2. 相关标准规范

近年来，国家出台了一系列指导科技成果价值评估的相关标准规范，科技成果价值评估标准和规范也在不断健全完善。

中国科技评估与成果管理研究会 2020 年 8 月 21 日发布实施《科技成果评估规范》（TCASTEM 1003—2020），规定了科技成果价值评估的范围、规范性引用文件、术语和定义、评估内容与方法、评估流程及要求等。2021 年 5 月 21 日，由科技部科技评估中心牵头起草的《科技评估通则》（GB/T 40147—2021）和《科技评估基本术语》（GB/T 40148—2021）两项推荐性国家标准正式发布，并于 2021 年 12 月 1 日开始实施。《科技评估通则》规定了科技评估活动应遵循的基本准则、程序及评估活动的要素与要求；《科技评估基本术语》定义了科技评估领域常用的 80 个术语，两项标准是科技评估领域重要急需的基础标准，对于建立健全科技评估标准体系、推动科技评估行业高质量高效能发展、推进科技评价体系改革，支撑中国科技创新具有重大意义。2020 年 7 月 21 日，国家市场监督管理总局、国家标准化管理委员会联合发布了《科技成果经济价值评估指南》（GB/T 39057—2020），2021 年 2 月 1 日开始实施，提出科技成果的经济价值是从科技成果的转化和应用中获得的经济利益的货币衡量。该标准提供了科技成果经济价值评估涉及的术语和定义、评估方法、评估机构等方面的指导，提供了科技成果经济价值评估的三种方法即收益法、市场法、成本法，明确了方法选择的考虑因素，恰当选择一种或多种评估方法，明确了科技成果经济价值的评估机构、评估程序等方面的要求，规范了科技成果经济价值评估的申请表、评估报告等的规范格式。

上述规范和标准从一般性评估方法选取、评估机构与评估流程规范等方面，为科技成果经济价值评估工作提供了参考。然而，无论是规范还是评估指南，都仅仅是从总体上提供了一种普适性的宏观指引，并没有明确科技成果经济价值评估的具体方法，对涉及特定行业、参数取值、技术构成、技术定价等问题没有给出明确政策依据，没有明确回答针对特定行业的评估问题，导致评估具有较大主观性，评估结论差异较大，方法体系还有待完善。因此，结合行业科技创新活动特征，进行相应的科技成果经济价值评估方法研究与应用性探索，既是一项不可回避的紧要工作，也能为国家进一步规范科技成果经济价值评估工作提供行业企业智慧。

（二）国家科技奖励经济效益测算要求与实践

国家科学技术进步奖的获奖成果必须是在应用推广先进科学技术成果、完成重大科学技术工程、计划、项目等方面做出了突出贡献的研究成果。其中一个重要方面就是在实施技术开发项目中完成重大科学技术创新、科学技术成果转化创造了显著经济效益。

经济效益测算可以从以下几个方面理解：第一，投入就是成本，准确地说是指会计成本，包括经济活动过程中所消耗的一切物化劳动和活劳动，以货币形式表现出来的成本总额。表面看来这里的"投入"没有反映"劳动占用"，实际上劳动占有以固定资产等物化劳动的折旧形式体现在物化劳动消耗中。第二，产出就是收益，是指经济活动过程中所获得的用货币形式表现的总收入。在市场经济条件下收益这一概念优于劳动成果、产品等类似范畴。因为劳动成果、产品、产值等类似范畴是计划经济条件下衡量经济水平高低的指标，没有反映产品质量、交换条件、价格水平等市场因素。如果劳动成果、产品、产值没有经过市场交换"惊险的一跃"，就不能体现为经济效益。第三，经济效益就是市场主体在经济活动过程中所获得的净效果或纯收益，即实现利润。当然衡量产出与投入比较的范畴除了经济效益还有经济效率，后者是指产出与投入之比。由经济效益的定义可见，凡是能够增大收益和节省成本的一切因素都是提高经济效益水平的重要因素。这些因素包括社会经济条件、自然条件、科学技术、组织管理以及国家相关经济和科技政策等。例如生产要素的优化配置、自然资源的综合有效利用、科技创新与技术改造、员工教育与培训、产品创新与市场拓展等都是降低成本、增加收益、提高经济效益的有效途径。

（三）参与市场交易的专利和专有技术经济价值评估实践

专利和专有技术都是企业拥有或控制的、能够以货币计量，能够给企业带来经济利益的知识型资源。专利和专有技术评估方法是一种按照一定思维途径完成专利技术评估任务的技术手段。作为资产评估的一种，基本上也套用了资产评估的三种方法：重置成本法、现行市价法和收益现值法。但是根据专利技术商品的特点和专利技术在使用过程中的实际情况，在上述三种方法的基础上进行了修订与调整，从而形成了多种专利和专有技术评估方法。

1. 专利和专有技术评估的重置成本法

重置成本法是以专利和专有技术资产的现行重置成本为估价依据，该专利和专有技术的评估价格即为重置成本减去专利和专有技术的无形损耗或贬值因素。所采用的基本公式为：

专利和专有技术评估值＝专利技术的重置成本 × 成新率

$$(1-15)$$

因此，如何评估专利和专有技术的重置成本和成新率，从而科学确定专利和专有技术的评估值，是评估过程中最重要的工作。就专利和专有技术重置成本而言，它是指在现时市场条件下重新创造或购置一项全新的并与原专利和专有技术功能相同的专利和专有技术所耗费的全部货币总额。

2. 专利和专有技术评估的成本加成法

成本加成法避开了专利和专有技术使用方超额利润难以估计这一问题，按成本途径来评估专利和专有技术的收益现值。其基本计算公式为：

专利和专有技术评估值＝专利和专有技术重置成本 × 成本分摊率 ×（1+ 成本利润率）

$$(1-16)$$

这个合理的成本利润率的选取要从一般性和特殊性两个方面来进行分析。从一般角度讲，投资于专利和专有技术的开发与投资于某个行业一样，可以说是一个专门的领域，因此，随着这个领域投资人的增多，技术开发范围的逐渐广泛，这一领域也会形成一个相对稳定的投资收益率的水平。但是作为专利和专有技术这一领域的投资来讲，它的投资收益水平比其他行业要大一些，所以在对成本利润率的估计中应该实事求是，不能机械地套用行业的平均利润水平，而是要通过对专利和专有技术开发全过程、实际性能、未来创造收益的能力等方面进行细致地分析，慎重选择参数，然后才能得出一个比较合理的成本利润率。对于成本分摊率来说，它等于一个企业可能的实际生产量与该专利技术预期的总生产量的比值。

3. 专利和专有技术评估的现行市价法

现行市价法是指通过市场调查，选择近期类似专利和专有技术在技术市场中的交易条件和价格作为参考，比较被评估专利技术与最近售出类似专利和专有技术的异同，并将类似专利和专有技术的市场价格进行适当调整，从而确定被评估专利和专有技术价值的一种方法。其基本公式为：

专利和专有技术评估值 = 技术市场同类专利和专有技术的调整价格 ×（1- 累计折旧比率） （1-17）

累计折旧比率 = 同类专利和专有技术交易时间与评估时间的时差 / 专利和专有技术寿命期 （1-18）

4. 专利和专有技术评估的超额收益法

超额收益法的基本思路是购买专利和专有技术是一项投资，而投资既要承担风险，又要取得收益，收益是投资的最主要动机。因此可以根据被评估的专利和专有技术在投资者持有期间能够带来的预期超额收益并将其折算为现值来确定被评估专利和专有技术的价值。

超额收益法是以专利和专有技术未来收益现值作为计价基础的计价尺度，它是将以本求利的原则进行逆运算，形成以利索本的评估思路。超额收益法进行专利和专有技术评估时必须同时具备三个前提条件。第一，买主在购买某项专利和专有技术时，所支付的价格不会超过该项专利和专有技术未来预期超额收益折算成的现值。第二，该项专利和专有技术所有者的未来预期收益必须是能够用货币来衡量的。第三，该项专利和专有技术的持有者由于承担了风险而要求获得的收益也必须是可以用货币衡量的。

5. 专利和专有技术评估的利润分享法

利润分享法是国际许可贸易中最为常见的一种专利和专有技术价格评估方法。采用这种评估方法主要是因为专利和专有技术的受让方购买了专利和专有技术使用权后，在资金、设备和管理方面进行了投资，生产出与专利和专有技术相关的产品并适应了市场的需求，获得了利润。在这些利润中，有一部分就是由专利和专有技术带来的收益。但是要单独界定专利和专有技术对整个利润的贡献是非常困难的，所以，就在专利和专有技术的评估中利用分成的办法，将整个利润用分成率分离出一部分，作为专利和专有技术的评估价格。利润分享法体现着这样一个利润分享的基本原则——实施转让专利和专有技术所产生的利润，由当事双方共享。其计算公式为：

专利和专有技术评估价格 = 专利和专有技术引入方利润 × 利润分享率　　　　　　　　　　　　　　　　　　　　　　（1-19）

6. 提成率法

提成率法也是专利和专有技术许可贸易中的一种常见评估方法，它是利润分享法在专利和专有技术评估实务中的一个变通。因为在专利和专有技术资产贸易中，专利和专有技术转让是一个连续性的业务，在实施专利和专有技术的过程中，由于受多种调价或因素的影响，引入方的利润是逐年不同的，而且对于不同时期可能出现的利润变化，当事双方在价格谈判时难以精确计算。所以在实践中一般采用一种较为变通方法，即专利和专有技术转让双方确定一个与产品销售价或产品产量相关的百分比例数，以此来替代对该利润额的精确计算，这个比例数据被称为提成率，又称为销售收入分成率。提成率法就是基于销售收入的分成法，其计算公式为：

专利和专有技术评估价格 = 专利技术引入后的产品销售总收入 × 提成率 　　　　　　　　　　　　　　　　　　（1–20）

7. 专利和专有技术评估的成本—收益现值法

这种方法是把重置成本法与超额收益法结合在一起对专利和专有技术转让价格的一种评估方法。因为专利和专有技术的获得，不管是外购或自创，都必须有成本，所以把专利和专有技术成本费用加上该技术的获利能力一起计算，其中专利和专有技术的重置成本往往在专利和专有技术转让中作为专利和专有技术受让方向转让方支付的入门费，以此作为对专利和专有技术转让方转让专利和专有技术所支付的直接费用的一种补偿。在专利和专有技术受让方投产以后再按专利和专有技术带来的超额收益以分成的方式支付给专利和专有技术转让方费用。该方法计算公式如下：

专利和专有技术评估价格 = 专利和专有技术重置成本 + 超额收益 　　　　　　　　　　　　　　　　　　（1–21）

第二章

油气科技成果经济价值评估现状与趋势

第一节　油气科技创新

一、油气科技创新总体情况

（一）国内外油气科技发展现状及趋势

全球新一轮能源技术革命正在兴起，新的科技成果不断涌现，正在持续改变世界能源格局，油气勘探、开发、工程等领域理论与技术不断取得突破，助推油气生产从常规油气向陆上深层、海域深水和非常规油气等领域拓展，极地油气、天然气水合物、油页岩等战略接替性资源的研究日渐受到重视。

全球剩余油气资源潜力依然很大。2021 年 CNPC 全球油气资源评价结果显示，全球油气总可采资源量约为 17319 亿吨油当量，常规油气可采资源量约占 63%，常规油气资源仍然是勘探开发主体，以超级盆地油气聚集理论、深层油气精准评价与高效勘探技术、纳米驱油、CO_2 驱油等极限提高采收率技术为代表油气勘探开发技术持续发展创新。

海域深水领域成为油气大发现和增产主战场。2010 年以来，全球海域和陆上油气田大发现和新增可采储量 80% 以上来自海域油气，其中深水油气占比 68% 左右；2020 年，海域石油产量 12.1 亿吨，占全球原油产量 27.7%，其中浅水占比 70.7%、深水占比 14.5%、超深水占比 14.8%。深水碎屑岩和碳酸盐油气勘探和全海式开发技术与装备的发展，推动海上油气勘探开发不断向更深、更远拓展。

非常规油气资源正成为重要的现实接替资源。2021 年 CNPC 全球油气资源评价结果显示，全球非常规油气技术可采资源总量约为 6352 亿吨油当量，约占全球油气技术可采资源总量的 37% 左右。2020 年，非常规石油和非常规天然气的产量分别占全球油气总产量的 23.05% 和 26.91%。非常规油气开发成本大幅降低，一趟钻大规模应用进尺达到五千多米，大位移井水平段长度纪录已超万米，单井钻完井周期降幅达 60%，页岩气平均开采成本降幅达 30% 以上；常规—非常规油气一体化勘探开发新的理论技术助推大型成熟盆地储产量再次爆发式增长，使老油区重新"焕发青春"。

未来，在新一轮科学技术革命的推动下，全球油气科技将围绕智能高效、绿色低碳两大主题，在油气科技的七个方面不断创新发展。一是油气勘探基础理论与技术以精准识别目标为主，由单项技术创新向地质—地球物理—实验技术等多元化发展，指导大型油气田发现；二是常规油气开发以提高采收率和储量动用率为主，实现高含水老油田、低渗超低渗等重大战略资源开采向精细化、绿色化方向发展；三是油气工程技术与装备以实现低成本高效勘探开发为目标，向智能物探、智能测井、智能钻井、智能压裂等"智能工程技术"时代发展；四是海洋油气勘探开发以自动化、海底化、多功能化为目标，向更深更远的海域延伸和拓展。五是非常规油气以围绕"甜点区"预测、提高单井产量和提高采收率为目标，向非常规油气资源勘探开发高效化、一体化方向发展；六是下游炼油化工技术围绕智能化、精细化、节能减排目标，转型升级向绿色化、高端化方向发展；七是以建设"智能油气"为目标，传统油气技术正在与高新技术产业相结合，向多领域跨界融合方向发展。

（二）"十四五"重点攻关技术方向及发展目标

聚焦增强中国油气安全保障能力，"十四五"期间，中国石油与天然气工业科技攻关，将围绕勘探开发、非常规、海洋、工程技术与管输、炼化、智慧跨界、基础共性七大领域，重点攻关22项对中国油气工业具有重大支撑作用、重大影响的基础理论、瓶颈技术和前沿性创新技术，为实现"稳油增气"目标提供科技支撑。

（1）陆上常规油气勘探开发理论与技术领域。针对中国石油主力探区勘探对象日趋复杂，大规模优质储量发现难度加大等挑战，将聚焦深层油气勘探开发领域，集中攻关深层油气勘探目标精准描述和评价技术，研发深层油气勘探地质理论与地球物理评价技术体系，实现深层勘探目标精准描述。针对中国大庆油田、胜利油田等为代表的主力油田，已进入93%的特高含水期，进一步增加可采储量难度加大，低渗透难采油气储量占比加大等挑战，将开展高含水油田精细化/智能化分层注采技术和低渗透老油田大幅提高采收率技术研究，建立油藏工程一体化智能分层开采精细管理系统并进行现场应用示范，突破适合中国陆相沉积低渗透油藏的 CO_2 驱油扩大波及体积技术，提高高含水油田和低渗透油田原油采收率。

（2）非常规油气勘探开发技术领域。中国非常规油气资源潜力大，致密气、浅层页岩气、煤层气已实现商业开发，但页岩油、非海相页岩气、深层页岩气开发尚处在起步阶段。非常规石油领域，将围绕中高成熟度页岩油和中低成熟度页岩油及油页岩等方向，开展陆相中高成熟度页岩油勘探开发技术研究，形成"甜点区"评价和"井工厂"体积压裂技术系列，力争"十四五"期间，推动中高成熟度页岩油商业开发；布局中低成熟度页岩油和油页岩地下原位转化技术，加快推进中低成熟度页岩油和油页岩开采理论与技术突破。非常规天然气领域，将围绕深层页岩气、非海相页岩气、地下原位煤气化、天然气水合物等方向，形成深层页岩气"甜点区"评价、高温高压高应力水平井多段压裂页岩气有效开发一体化技术系列并进行现场应用示范，研究非海相非常规天然气富集机理与分布规律，研发地下原位煤气化和天然气水合物开发等关键技术及装备，力争"十四五"期间，非常规天然气持续上产稳产。

（3）海洋油气勘探开发技术领域。针对中国海域已成为油气上产主力军，但原油产量占比不高，面临近海稠油和深水存在技术瓶颈和装备短板，规模有效开发难度很大等挑战，将集中攻关水下生产系统关键技术，研发1500米水深级水下采油树、复合电液控制等关键装备，形成水下生产系统设计、制造及测试技术体系。开展半潜式生产平台关键技术和深水立管与管线研究，形成深水半潜式平台数值水池仿真、实时监测评估、深水立管与管线整体联调技术并进行现场应用示范，建立整体性深水油气田开发建设技术体系。

（4）油气工程技术装备与管道运输领域。针对中国油气工程高新技术和高端装备原始创新能力不足，"卡脖子"技术与补短板装备突破难度大等挑战，将集中攻关智能化节点地震采集系统、超高温高压测井与远探测测井技术与装备、抗高温抗盐环保型井筒工作液与智能化复杂地层窄安全密度窗口承压堵漏技术；推进旋转导向钻井技术、精细化/智能化分层注采技术、自动化钻井技术与装备、新一代大输量天然气管道工程建设关键技术与装备的试验示范，加快智能高精度可控震源技术、高效压裂改造技术与大功率电动压裂装备、CPLog 地层成像测井系统等技术与装备的推广应用。

（5）炼化技术促进合成工艺和复合材料生产线发展。集中攻关特种专用橡胶技术，研发氢化丁腈橡胶、梯度阻尼橡胶、长链支化稀土顺丁橡胶分子设计及制备技术，研制相应的复合材料，形成稳定的生产线和成套技术。集中攻关高端润滑油脂技术，研发高端润滑材料构效关系和高选择性合成技术，研制高尖端润滑油脂产品，助推基础油工业级批量化试生产。开展分子炼油与分子转化平台技术研究，构建产品结构灵活调整的石油分子转化平台并进行现场应用示范，实现传统炼厂多产化工料或多产航煤兼顾化工料。

（6）智慧能源技术实现数字油气田绿色智能一体化。开展油气田数字化智能化技术研究，形成油气勘探开发一体化智能云网平台、地上地下一体化智能生产管控平台、油气田地面绿色工艺与智能建设优化平台及配套装置，开展新一代数字化油田和低成本绿色安全地面工艺关键技术示范，实现科研、生产、经营与决策一体化、智能化和绿色化。

（7）能源基础共性短板技术装备突破"卡脖子"瓶颈。开展油气管网工控系统研究，研制满足工程要求的 PLC 系统、RTU 系统等工控产品，提升国产芯片的稳定性；突破国产控制系统软件（PCS）与国产硬件的兼容性、稳定性难题，在天然气管道开展示范应用。集中攻关钻井关键技术与装备，研制高效破岩材料与工具，开发钻井协同优化与智能控制系统，形成一趟钻个性化设计与控制技术；研制高造斜率旋转导向系统装备，开展陆地和海上油田示范；研制自动化钻机及配套系统、钻台机器人等自动化钻井关键装备，实现钻井自动化作业，提高钻井效率。

二、油气科技创新面临的机遇与挑战

（一）国家推进要素市场化配置对科技创新提出了新要求

党的二十大提出，建立和完善社会主义市场经济体制是中国进一步深化经济体制改革的一项重要内容。党的十九大报告提出，经济体制改革必须以完善产权制度和要素市场化配置为重点。党的十九届四中全会提出，推进要素市场制度建设，实现要素价格市场决定、流动自主有序、配置高效公平。《中共中央 国务院关于构建更加完善的要素市场化配置体制机制的意见》作为中央第一份要素市场化配置文件，首次将人的要素、创新性要素、动产要素作为未来经济发展的核心推动要素。《要素市场化配置综合改革试点总体方案》（国办发〔2021〕51 号）进一步明确提出完善按要素分配机制，要提高劳动报酬在初次分配中的比重，构建充分体现知识、技术、管理等创新要素价值的收益分配机制，将从总体上助力中国完善按劳动、资本、技术、管理等生产要素分配体制机制。

作为生产要素的重要组成部分，技术要素按价值贡献参与企业收益分配并实现创新激励，是深入推进创新驱动发展实现高水平自立自强的重要环节。科技成果是技术要素重要呈现，对科技创新价值进行科学量化评价，依托评估结果进行成果市场化转化应用并开展价值激励分配，是促进技术要素市场化配置、实现技术要素参与企业收益分配的重要前提。针对科技价值评价改革与价值激励分配，国家先后出台了系列政策。2016 年，习近平总书记作出了正确评价科技成果五元价值（科学价值、技术价值、经济价值、社会价值、文化价值）的重要指示；2021 年，国务院办公厅下发《关于完善科技成果评价机制的指导意见》（国办发〔2021〕26 号），制定了包括全面准确评价科技创新价值、创新科技成果评价工具和模式等在内的科技成果评价十项工作措施；新修订的《中华人民共和国科学技术进步法》更加明确地提出在以科技创新质量、贡献、绩效为导向分类评价、建立与基础研究相适应的评价体系基础上，完善体现知识、技术等创新要素价值的收益分配机制。在国家政策指引下，《科技创新成果经济价值评估指南》（GB/T 39057—2020）、《科技成果评估规范》（TCASTEM 1003—2020）、《科技评估通则》（GB/T 40147—2021）和《科技评估基本术语》（GB/T 40148—2021）等标准相继发布，这些政策法规与标准规范，打通了科技与经济结合的通道，在一定程度上解决中国科技成果政策制度保障问题，为科技价值管理提供了宏观政策指引和方向性意见。

因此，随着中国社会主义市场经济体制改革的深化，建立科技创新价值管理模式，解决天然气技术要素参与收益分成的问题，在操作层面上建立一个有效的科技成果分配方法体系，实现企业与科技人员的价值同向，意义重大。

（二）党中央和国家高度重视科技成果价值评估与科技成果转化

党的十九届五中全会提出要立足新发展阶段，贯彻新发展理念，构建新发展格局，努力使创新成为第一动力。科技创新是引领经济社会发展的重要因素，如何更好彰显科技成果价值，推进科技成果价值化，加快科技成果转化应用，是实施创新驱动发展的重要一环。

习近平总书记多次对科技成果价值评估工作作出重要指示。2016 年在全国科技创新大会上提出，要改革科技评价制度，建立以科技创新质量、贡献、绩效为导向的分类评价体系，正确评价科技创新成果的科学价值、技术价值、经济价值、社会价值、文化价值。2021 年 5 月 21 日，习近平总书记主持召开中央全面深化改革委员会第十九次会议，审议通过《关于完善科技成果评价机制的指导意见》，强调要用好科技成果评价这个"指挥棒"，坚持正确的科技成果评价导向，完善科技成果评价机制，关键要解决好"评什么""谁来评""怎么评""怎么用"的问题；要坚持质量、绩效、贡献为核心的评价导向，健全科技成果分类评价体系，针对基础研究、应用研究、技术开发等不同种类成果形成细化的评价标准；要把握科研渐进性和成果阶段性特点，加强中长期评价、后评价和成果回溯，推进国家科技项目成果评价改革，健全重大项目知识产权管理流程，加强科技成果评价的理论和方法研究；要加快推动科技成果转化应用，加快建设高水平技术交易市场，加大金融投资对科技成果转化和产业化的支持，把科技成果转化绩效纳入高校、科研机构、国有企业创新能力评价，细化完善有利于转化的职务科技成果评估政策。

（三）国家出台科技成果经济价值评估与科技成果转化的相关法律与标准规范

科技成果评估评价是科技成果转移转化的关键环节，通过对科技成果的经济价值进行客观公正的评价，更加有利于促进科技成果的转移转化和产业化。近年来，国家出台了一系列指导科技成果价值评估与科技成果转化的相关法律、标准规范。2015 年 8 月，国家重新修订了《中华人民共和国促进科技成果转化法》，国务院 2016 年 2 月印发的《实施〈中华人民共和国促进科技成果转化法〉若干规定》（国发〔2016〕16 号）提出了更为明确的操作措施，2016 年 4 月，国务院办公厅印发《促进科技成果转移转化行动方案》，对实施促进科技成果转移转化行动作出部署；2020 年 7 月，国家市场监督管理总局、国家标准化管理委员会联合发布《科技成果经济价值评估指南》（GB/T 39057—2020），2021 年 2 月 1 日正式实施。评估指南提出了收益法、市场法、成本法三种科技成果经济价值评估方法，明确了科技成果经济价值评估的实施主体、评估程序等方面的要求，规范了科技成果经济价值评估的申请表、评估报告等的规范格式。中国科技评估与成果管理研究会也发布了《科技成果评估规范》（TCASTEM 1003—2020），规定了科技成果价值评估的范围、规范性引用文件、术语和定义、评估内容与方法、评估流程及要求等。

这些法律、标准规范的发布，打通了科技与经济结合的通道，在一定程度上解决中国科技成果定价难这一问题，促进了科技成果转化为现实生产力，规范了科技成果经济价值评估与科技成果转化工作。但目前的标准规范主要适用于成熟市场的科技成果经济价值评估，主要规定了评估的思路、原则和流程，对涉及特定行业、评估方法选择、评估参数取值、技术定价等问题没有给出明确依据，导致评估具有较大主观性，评估结论差异较大，方法体系还有待根据行业特点进一步完善。

（四）油气科技成果经济价值评估与科技成果转化应用研究仍需进一步提升

2021年5月28日，习近平总书记在两院院士大会上指出要加快构建龙头企业牵头、高校院所支撑、各创新主体相互协同的创新联合体，提升中国产业基础能力和产业链现代化水平。

油气企业在推动科技创新方面长期发挥主体作用，在科技成果价值评估及科技成果转化领域也开展了积极探索，对科技成果价值评估方法进行了初步优化和应用，取得了较好成效，但是有关研究工作还需进一步深入开展。一是在实证应用中进一步完善和规范勘探开发科技成果经济价值评估方法，针对不同油气田提出与之相匹配的技术级序谱系与权重分配，使该评估方法的适用性更加广泛。二是油气科技成果经济价值评估需要拓宽专业领域。前期研究主要针对油气勘探开发领域科技成果经济价值评估，而其他领域的技术级序、要素分成系数、成果创新强度系数等与油气勘探开发领域差异较大，不能完全套用，特别是油气储运专业领域的业务链长、上下游影响因素多，其科技成果经济价值评估方法需要优化，关键参数还需进一步研究和细化。三是油气信息、安全、环保技术科技成果经济价值评估理论、方法体系急需建立。信息、安全、环保技术在油气产业高效发展中的作用日益凸显，但对于油气信息、安全、环保技术科技成果经济价值评估领域的研究仍处于空白，信息、安全、环保技术科技成果的价值评估方法与一般油气技术科技成果价值评估方法有着很大的差异，因此急需建立一套新的评估理论作为支撑，同时明确其价值定义及量化方法。四是油气科技成果转化与市场交易定价方法还需要进一步优化。大量的技术与专利可作为创效和推动可持续发展的重要手段，但如何推进油气技术内外部市场化交易，更好彰显技术价值，在技术转让中获取更好回报，还需在定价方法上深入研究。

三、油气科技创新的特点

（一）油气科技创新的生命周期性与阶段性

1. 生命周期性

生命周期评价是一种用于评估产品在其整个生命周期（即从原材料的获取、产品的生产直至产品使用后的处置）中对环境影响的技术和方法。目前，油气项目效益评价多采用项目全生命周期评价方式。油气科技成果创效涉及油气勘探开发项目全生命周期评价问题。

（1）油气勘探开发项目全生命周期性。完整的油气勘探开发项目从地质勘探、物化探、钻完井、油气藏工程、采油气工程、地面工程等业务链，每个项目业务都涉及生产要素的投入。尤为值得重视的是油气藏发现是长期波浪式勘探的产物，油气开发也需要持续不断地进行开发作业，实现产能建设目标、稳产、防止快速递减等，这都涉及生产要素的投入。因此，技术创效应从油气勘探开发项目全生命周期视角进行评估更为符合实际。

（2）油气勘探开发技术要素全生命周期性。由于生产全要素投入在全生命周期内都有贡献，并且贡献值随着不同阶段变化而变化。立足技术要素在全生命周期中持续贡献的客观实际，油气科技创效在油气项目全面周期内都存在不同程度的作用。

2. 阶段性

（1）油气勘探或开发流程创效的阶段性。一个油气藏在整个开发生命周期内，按其油气产量曲线（也叫采油气动态变化曲线）可将油气藏开发划分为四个阶段，即投产建设阶段、稳产阶段、产量递减阶段、低压小产阶段；或者分为三个时期，即开采初期、开采中期、开采后期。油气技术创效在勘探或开发早中晚期差别很大。例如，油气勘探阶段不能实现油气价值，只有到开发阶段形成商品产量销售，才实现投资回报。

（2）油气技术要素流程创效的阶段性。油气技术要素具有技术自身的生命周期与创效流程，在技术的成熟阶段较为广泛地应用，其创效能力较强。

（二）油气科技创新的协同性与级序性

1. 协同性

所谓协同就是指协调两个或者两个以上的不同资源或者个体，协同一致地完成某一目标的过程或能力。油气行业是资本密集型和技术密集型行业，油气增储增产是全生产要素协同作用和技术体系协同创效的结果。

（1）生产要素协同创效性。油气生产要素（资本、管理、劳动、技术）协同创效指的是油气全生产过程中全生产要素有差别的投入和协同作用，共同实现油气发现、增储和增产。因此，任一生产要素都具有不同程度的贡献，在技术创效评估中绝不能忽视资本、管理、劳动的贡献。油气田或工区经济效益的取得离不开科技、管理、资本、劳动力等生产要素的共同作用，直接计算法计算的增量经济效益是生产过程中全生产要素的增量经济效益，因此，计算油气科技成果经济效益时必须在全生产要素增量经济效益的基础上，减去非科技因素的增量经济效益。

（2）技术体系协同创效性。油气勘探开发专业具有多样性，即极少部分的单一型科技成果只涉及一个专业，大部分科技成果属于复合创新驱动，一般都要涉及两个或两个以上的专业，一些大型综合性科技成果甚至涉及全部技术级序。因此，增储增产是油气勘探开发技术体系协同作用的产物，所谓单项技术也是若干单一技术集成的产物，仅依靠某项单一技术在增储增产中获得较大效益几乎是不可能的。

2. 油气科技创效的级序性

（1）油气技术体系创效的级序性。任何技术或技术体系都具有级序的，其创效能力差异很大。在油气勘探开发技术级序中，从一级、二级、三级、四级技术，创效能力降低，总技术能力大于次级技术创效能力。

（2）油气单项技术创效的级序性。同一油气单项技术创效能力因应用业务对象、阶段、与其他技术的组合方式等，会造成不同的创效结果。

（三）油气科技创新的依附性与延时性

1. 依附性

科技不能脱离物质和能量而独立存在，需要依附一定的载体，而且，同一个科学技术可以依附不同的载体。科技可以转换成不同的载体形式而被存储下来或传播出去，供更多的人分享。科技必须依附于物质载体，而且只有具备一定载体才能实现自身价值。因此，科技的载体依附性也同时使科技具有可存储与复制、可传播和可转换等特点。油气资源、勘探开发业务流程和油气产品等载体，都可成为油气科技的依附性载体。

（1）对油气资源载体的依附性。油气科技应用对象为油气地质与工程作业，归结为储存具有工业开采价值的油气藏地质体，其中油气资源为油气技术创效的主要载体。相同技术作用于不同自然资源禀赋的油气藏，产生差别巨大的创效贡献。油气技术创效的依附性造成相同油气技术在不同应用领域（如常规油气藏、页岩油气藏、致密油气藏等），其基础功能价值和创效能力差别较大，例如，四川龙王庙气藏开发与低渗透致密油气开发，创效差异巨大。

（2）对勘探开发业务流程的依附性。同一油气科技应用于勘探阶段或开发阶段差别较大。例如，地质勘探技术在勘探阶段价值较大。

（3）对油气产品的依附性。油气生产要素产出净值都依赖于油气产品市场营销。在勘探开发阶段若无储量发现，所有投入沉没。只有实现油气产品销售才能最终体现油气科技开源节流降本增效的作用与价值。

2. 延时性

（1）技术要素投入产出的延时性。油气储量获得与产量实现的过程，已经能够充分体现要素投入价值实现的延时性。

（2）技术创效确认的延时性。油气勘探阶段是不能获得效益的，当储量市场发达到可进行储量商品交易，或油气市场营销才获得收入，才能实现生产要素投入的市场价值。

滞后性与延续性，即油田许多科技成果的经济效益一般不会反映在研发阶段，往往要经历一个较长的滞后期，特别是一些研发周期长、投资大、具有重大创新意义和战略意义的油气科技成果，其经济效益的滞后性越发明显，但是这类科技成果的经济效益一般都有较长的延续性。油气技术创效都具有延迟性，技术增量效益并不完全体现当期技术创新创效的贡献，如勘探科技价值要在开发阶段才得以实现。实践证明大型油气藏的发现是多年坚持勘探实践和持续科技创新投入的产物，也就是整个勘探技术体系协同、持续、波浪式应用的结果。如四川盆地大天池油气田、龙王庙特大型油气田的发现。

（四）油气科技创新的多维性与间接性

1. 多维性

（1）经济与社会效益类型的多维性。油气科技成果的经济效益往往表现为直接效益、间接效益、预期经济效益、社会效益、环境效益、安全效益、市场效益以及近期效益与长远效益等多维性。

（2）科技成果效益类型的多维性。油气科技成果直接经济效益类型主要包括：增储、增产、降本、工程技术服务、技术产品交易等，还包括间接经济效益中的其他类型。

2. 间接性

（1）效益分割的间接性。油气科技成果创效无论属于直接经济效益，还是间接经济效益都需要在通过各种方式确定效益质量的前提下，经过技术收益分成或分割方式才能确定，即在确定效益质量方式方面的间接性。

（2）效益计算的间接性。由于效益分割的间接性，形成多种科技成果收益分割技术和数学模型，其主要参数指标赋权也只能采用间接方式确定，导致效益计算的间接性。

由于勘探开发技术具有依附性与延迟性、级序性与活化性、创新性与创效性很难处理，过去技术的效用、在用技术的效用、典型技术的效用都很难确定，增大精细评估技术创新创效难度，严重制约油气科技价值评估，长期困扰着科技绩效评估人员。

第二节　油气科技成果经济价值评估理论与方法研究进展

一、油气科技成果经济价值评估理论

（一）油气科技创新相关理论

1. 油气生产要素组合创新增值机制

油气生产要素组合创新增值机制指在油气产业增长方式的转化与发展过程中的关键要素运作机理与相互关系（如图 2-1 所示），本质是实现要素价值增值的过程。要素组合创新增值机制的具体内容包括：优化要素组合创新，提高要素质量，特别是人才素质

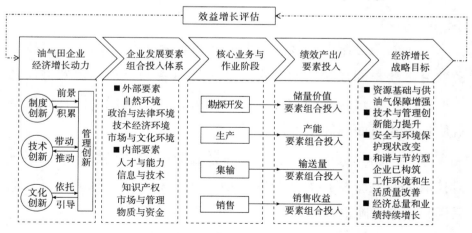

图 2-1　油气生产要素组合创新增值动力结构图

和资本质量，增加科学技术和管理创新的含量；改进生产要素配置，包括在油气产业链间、企业间、部门间合理配置生产要素；挖掘油气产业增长要素以及组合创新的潜在价值等。

油气生产要素组合创新增值不是将创新看成从一个职能到另一个职能的序列性过程，而是将其看成是同时涉及创新构思产生、研究开发、设计制造和市场营销的并行过程，强调研发、设计、生产、供应商和用户之间的联系、沟通和密切合作。

2. 技术推动型与拉动型创新

市场拉动理论是在 20 世纪 60 年代由美国经济学家施莫克勒提出的，主要思想认为：技术创新源于市场需求，源于市场对企业的技术需求。这种创新模式中，市场需求是研究和开发的主要来源，决定着创新的方向，在创新中起着关键性作用。油气市场需求拉动模型认为油气技术创新是市场需求引发的结果，油气市场需求在创新过程中起到关键性作用。来自油气市场需求所引起的创新大多是渐进性创新，不能像基础性创新那样产生较大的影响力。市场拉动型创新是以企业为主导的创新，油气田企业决定创新的概念和方向，此种形式下企业寻求与科研机构的合作，寻找合适的科研机构，告知其技术创新需求，通过合作开发模式和委托开发模式，进行应用开发。

油气技术推动型创新指的是创新过程始于研究开发，经过油气生产销售最终将技术成果推向市场，市场是创新成果的被动接受者。从整个过程来看，影响最终效果的因素还是技术本身，处于不同发展阶段的技术进行转移后可能带来不同的效果，即技术的成熟度。处于成熟阶段的技术最接近市场，故其技术转移成功率较高，风险较小；处于半成熟阶段的技术，还未经过完全开发，成熟度低，所以技术转移成功率较低，且整体转移风险较高。技术创新模式的不同导致技术创新收益分配方式的不同，按照技术成熟度的不同，主要有技术许可和技术转让两种模式。

3. 技术与市场复合创新驱动型

油气技术与市场复合创新驱动即市场与技术交互作用的创新模式（如图 2-2 所示）。该模型认为，技术创新是由技术和市场共同作用驱动，创新过程中油气生产各环节之间，以及创新与市场需求和技术进展之间还存在交互作用的关系，技术推动和需求拉动在技术产品生命周期及创新过程的不同阶段有着不同的作用。

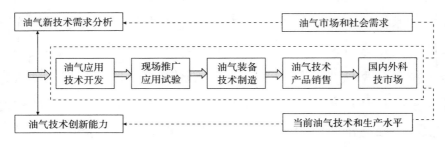

图 2-2　油气科技市场与技术复合创新驱动图

（二）生产要素分配与利润分享理论

1. 生产要素分配理论

（1）生产要素的结构与层次。在生产社会化、现代化的条件下，生产要素是由多种因素构成的复杂系统，大致可以分为三个层次，第一是实体性层次，包括劳动力、生产对象和生产资料。第二是附着性或渗透性层次，包括科学技术、教育、信息等没有实物形态，只能附着在实体性因素之上或渗透在这些因素之中，通过改善实体因素的性质来发挥作用的因素。第三是运行性层次，主要指生产管理与技术创新，它包括生产力的组织、生产结构的安排、生产与销售决策、发明创造、产品设计、工艺改造等。管理、技术要素指的是第二层次与第三层次的因素，它们在物质资料的生产中是作为脑力劳动者的附着因素发挥作用。随着科学技术的发展，管理、技术在创造财富过程中的作用日益增强，将其作为生产要素参与生产成果分配，对推动科技发展、经济和社会发展，发挥科技作为第一生产力的作用具有重要意义。

（2）罗默的全要素分配理论。罗默的全要素分配理论的核心是根据要素在不同历史时期或同一时期不同发展阶段的价值增值过程中的作用程度，决定其剩余索取权的大小，并进行相应的剩余分配。罗默的增长四要素为：劳动、资本、技术、知识。其中，知识是经济增长的更重要的要素。生产要素参与分配是把物质资料生产所实现的利润，依据诸要素劳动、资本、技术、管理在生产过程中所做的贡献，在他们的所有者（普通劳动者、资本所有者、技术人员、经营管理者）之间进行的分配。这种分配方式的最大合理性在于承认参与创造剩余价值的各个生产要素的所有者都有权获得剩余价值的分配，并且按照各自的贡献确定分配比例。

（3）要素初次分配理论。生产要素参与分配是对市场经济条件下各种生产要素所有权存在的合理性合法性的确认，体现了国家对公民权利的尊重，对劳动、知识、人才、创造的尊重，这有利于完善按要素分配的体制机制，让一切创造社会财富的源泉充分涌流，有利于推动经济发展。党和国家长期坚持按照劳动、资本、技术和管理四要素初次分配。党的十八届三中全会进一步提出，让一切劳动、知识、技术、管理、资本的活力竞相迸发。党的十九大报告明确指出，坚持按劳分配原则，完善按要素分配的体制机制，促进收入分配更合理、更有序可见。

2. 利润分享理论

（1）利润分享制含义与特点。所谓利润分享制，就是企业在向员工支付了基本工资之外，再拿出一部分利润或超额利润向员工分配的制度。利润分享理论不仅涉及利润分配问题，同时对微观层面的员工参与、工会密度、劳资关系以及宏观层面的劳动力市场建设、居民贫富收入差距等方面都有借鉴价值。现有的利润分享形式包括两个方面，一个是借助现金现付形式实施的奖励，另一个是将所得用于退休返还形式的递延奖励。

利润分享制的分配尺度通常不与员工的直接劳动成果关联，只与个人工资基数、岗位或者职务等相关。它对员工的激励作用不同于工资和奖金，每个员工的奖金不仅与个人绩效相关，并且与所属部门绩效、企业的整体绩效紧密相关，这样的分配格局有利于企业员工之间形成良好合作的共赢局面。利润分享制所分配的利润取决于企业全体员工共同创造的利润，具有相当的弹性，并不是固定不变的。采用利润分享制有利于增强企业的凝聚力，促使员工更多关注企业的长期发展，并更加积极地参与企业活动。

（2）利润分享理论的借鉴意义。目前得到广泛运用的利润分享模式有：利润分红制、利润提成制、员工持股计划、年终奖与企业年度利润挂钩制等。企业在薪酬管控中实行利润分享模式，不仅能够有效克服传统薪资形式的缺陷，加强薪酬激励的长效性，具有长期激励作用，同时还能增强员工的归属感，有效提升员工的忠诚度。

利润分享计划是顺应当前需求的一项有效激励措施。企业将员工收入水平与企业利润挂钩，引导员工关注企业成长与利润增长，实现企业与员工双赢局面。收益分成计划中，被分享的收益主要来源于工作效率的提高，而这种提高是按照组织制定的指标来衡量的。收益分成的支付方式，组织通常采取现金、股票、股权、分红、提成等方式进行支付，因此不同的收益分成指标所决定的奖金发放频率与数额是不相同的。收益分成计划作为一种群体激励薪酬形式，是作为绩效激励薪酬计划的补充而逐步完善的。收益分成计划配合利润分享计划、员工持股计划将会产生更大的管理能量，提升企业的激励层级，企业也将得到更好的发展。

（三）油气科技创新价值分享理论

借鉴要素分配和分享经济理论的理念，提出"油气科技价值分享理论"，其主要内涵包括：油气项目全生命周期（多阶段、多过程）中各生产要素协同创造价值，油气生产效益是油气生产全要素（资本、劳动、技术、管理）和庞大的油气专业技术体系协同作用的产物，扣除生产要素成本不能等同于剔除要素分享行为；科技成果创造价值中，各要素的作用与收益是可以分享的。油气生产要素组合创新增值机制与特性决定分享本质和价值构成；技术要素内的子技术要素贡献可以按照技术级序进行递进分割，科技要素投入产出复杂系统主控评估机制与收益分割方法；分享比例与技术自身创新创效能力、资源禀赋、生产阶段等密切相关。科技收益分享水平决定于自身创新能力对项目收益的贡献与市场分享博弈机制；每个技术要素收益只能在规制条件下按贡献科学合理分享，没有精准的评估值。科技成果收益评估体系建设应与油气项目技术经济评价体系同步进行。

二、油气科技成果经济价值评估方法

（一）油气勘探开发科技创新成果收益分成法

油气勘探开发科技创新成果收益分成，是以净现值（或净利润）为基础，借鉴要素分配、分享经济和收益分成理论，通过对科技成果的生产要素、技术层级、创新贡献进行 3 次分成，以确定科技成果的经济效益。分成比例与技术自身创新创效能力、资源禀赋、生产阶段等密切相关，每个要素只能在规制条件下按贡献合理分享。其基本要点是：油气勘探开发生产要素包括资本、技术、管理、劳动四要素，各要素的作用与收益是可以分享的；科技成果创造的增储增产经济效益多为众多技术集成应用的效果，技术要素内的子技术贡献可以按照技术级序进行递进分割；单一技术要素中创新性技术与常规技术的效益贡献，按照技术创新成果强度系数进行分割，评估其成果贡献的经济效益。

按上述原理，科技成果经济效益等于项目总经济效益与该项科技成果经济效益分成率之积。即：

$$科技成果经济效益 = 项目总经济效益 × 该项科技成果经济效益分成率 \tag{2-1}$$

公式中，科技成果经济效益分成率通过以下方法确定：

（1）通过确定技术要素分成系数，从总经济效益的四个生产要素（资本、管理、劳动、技术）中分割出技术要素的贡献（完成第一次分成）。

（2）通过确定技术成果递进分成系数，从总体技术中分割出单一技术的贡献（完成第二次分成）。

（3）通过确定技术成果创新强度系数，以表征本项成果在同类技术中创新部分的比重（完成第三次分成）。

（4）科技成果经济效益分成率 =（技术要素经济效益分成系数 × 技术经济效益递进分成系数 × 技术成果创新强度系数）× 100%　　　　　　　　　　　　　　　　　　　　　　（2-2）

（二）油气技术产品市场价值让渡定价法

技术价格是技术价值的货币表现，理论上两者数值上等价。技术价格确定指的是以技术价值为基础和依据，结合技术价格实现机制而采用的具体技术价格的计算方法。技术价格不可避免地受到实现机制、供求关系、市场风险、付款方式等各种复杂因素的影响而不能等同于技术价值。一般认为，技术价格由研制成本、流通费用和税收、利润三个部分组成。由于技术价值本身的复杂性，技术价格通常采用供需双方在可接受的上下限之间进行谈判的实现机制，因此，确定出技术价格上限是技术价格确定的关键。在此基础上提出了有形化技术要素收益让渡的市场化定价法。其基本思路：一是技术商品价格形成基础取决于技术价格的形成机制，是诸多因素在特定供需双方之间作用的结果；二是合作与博弈议价是技术商品价格的主要形成机制；三是价格水平最终取决于新增利润能力和利润分享经济行为，价格区间的实质是利润分享空间是交易双方博弈的产物。

油气技术产品市场价值让渡定价法基于市场预期视角，根据供需双方在可接受的上下限之间进行谈判博弈形成价值让渡值，以收益法为主提出了技术产品交易参考价格等于技术产品基础价格与技术产品需求方价值让渡值之和。主要计算方法如下：

$$P_C = 技术产品基础价格(P_{min}) + 技术产品需求方价值让渡值(\Delta P_C)$$
$$= P_{min} + \Delta P_C = P_{min} + D\left[Q_S - P_C(1+\omega)\right]　　　（2-3）$$

$$P_C = (P_{min} + DQ_S) / [1 + D(1 + \omega)] \tag{2-4}$$

式中，P_C 表示技术产品交易参考价格；P_{min} 表示技术产品价格下限；P_{max} 表示技术产品价格上限；ΔP_C 表示技术产品需求方价值让渡值；Q 表示技术产品目标市场预期收入；ω 表示技术产品需求方应用技术所需铺底资金率；D 表示技术产品需求方收益区间的价值让渡系数；Q_S 表示市场预期总利润（$Q_S = Q - C$），C 表示技术产品运营总成本。

$$D = 1 - e^{TP_Z} \approx 1 - e^{T(P_{min} - Q_S)/1.732Q_S} \tag{2-5}$$

$$T = \sum T_i \sum T_{ij} \Phi_{ij} \quad (i = 1、2、3；j = 1、2、3) \tag{2-6}$$

P_Z＝（期末价格 – 期初价格）/ 期初价格

＝（技术参考价格 – 技术价格上限值）/ 技术价格上限值

$$= (P_C - P_{max}) / P_{max} \approx (P_{min} - Q_S) / \lambda Q_S \approx (P_{min} - Q_S) / 1.732Q_S \tag{2-7}$$

式中，D 表示技术产品需求方收益区间的价值让渡系数；T 表示技术产品创新强度系数；P_Z 表示利润让渡变化率 %；P_C 表示技术产品交易参考价格；P_{max} 表示技术产品价格上限；P_{min} 表示技术产品价格下限；Q_S 表示市场预期总利润（$Q_S = Q - C$），C 表示技术产品运营总成本。

三、油气科技成果经济价值评估理论与方法应用实践

2021 年 11 月，中国石油天然气集团有限公司（以下简称"中国石油"）发布《油气勘探开发科技成果经济效益评估操作指南》（增储增产类和其他增效类）（科技〔2021〕10 号），在 2022 年科技进步奖申报中对经济效益测算初步试用，自 2023 年开始，申报中国石油科学技术一等奖以上的成果，需要依据指南进行成

果评估与专家审查，作为评奖的重要依据。

在中国石油科技管理部带领下，由中国石油咨询中心、中国石油西南油气田公司、中国石油大港油田公司为主组成课题组，联合中国石化、中国海油等单位，于 2021 年启动了《石油天然气勘探开发科技成果的经济价值评估方法》行业标准编制工作。在联合申报行业标准的过程中，该方法正逐步推广应用于整个油气行业。

第三节　油气储运科技成果经济价值评估现状与主要问题

一、油气储运科技成果经济价值评估现状

油气储运作为研究油气和城市燃气储存、运输及管理的交叉性学科，伴随油气资源的开发、利用而生并发展。在国家"双碳"目标的愿景下，油气管道和储气库等业务快速发展，在现代能源体系中的作用愈发凸显，也对科技创新提出了更高要求。科技成果评价被提到了前所未有的高度，国家层面出台了多项科技评价改革政策，油气勘探开发领域已形成科技创新成果评价的理论、方法与技术，探索建立油气储运技术体系特征与创效方式的评估方法，成为油气储运科技创新成果按价值贡献参与收益分配激励的关键瓶颈与重大命题。

实践层面，综合选取"十二五"期间、"十三五"期间中国石油油气储运科技成果鉴定、科技奖励报奖（一等奖及以上）数据进行综合分析。通过梳理 2016—2020 年中国石油油气储运报奖成果

（表 2-1），与油气勘探开发领域相比，油气储运综合性科技成果较少，单项技术较多，表现为散、杂、小，科技成果经济效益大多数表现为降本增效、技术服务和产品类，还有部分是提高管道安全性和保护生态环境的成果，无法计算直接经济效益。此外，按照油气管道、储气库的基本功能增加油气输量和增加工作气量的综合性成果非常少，增加油气输量类成果 1 项，增加工作气量盐穴储气库成果 1 项。这与很多油气管道工程建设、服务企业大量申报科技奖励有关。

表 2-1　中国石油 2016—2020 年油气储运科技报奖项目统计

年度	油气储运报奖成果数量	科技成果数量				经济效益形式					
		油气管道	地下储气库	油库	LNG	提高输量	提高储存量	降本增效	技术服务	产品类	安全环保效益
2016	7	4	2	1				4	5	1	2
2017	5	3		1	1			4	3	1	
2018	8	7	1				1	6	3	2	2
2019	3	3						1	3		
2020	6	6				1		3	2	3	
合计	29	23	3	2	1	1	1	18	17	7	4

二、油气储运科技成果经济价值评估存在的主要问题

油气储运领域科技成果经济价值评估的方法和参数不统一，存在以油气储运建设项目的经济效益代替科技成果的经济价值、以综合性技术的经济价值代替单项技术经济价值等问题，导致评估结果缺乏科学性和可比性。

由于缺乏一套规范的技术谱系，油气储运专业科技成果报奖中涵盖了油气集输与处理（油气开发地面工程），而油气集输与处理（油气开发地面工程）应放到油气勘探开发专业类别。

三、油气勘探开发科技成果经济价值评估方法应用到储运领域存在的主要问题

中国石油已形成了一整套勘探开发科技成果价值评估方法，如针对增储增产收益分成评估主要应用思路为首先计算与技术应用相匹配的新增油气储量经济效益（即新增油气储量净现值），其次从油气勘探生产要素（资本、管理、劳动、技术）中剥离出增储总体技术贡献，再依据勘探技术级序树结构进行逐级分成，最后按照增储技术成果创新能力大小来评估增储技术创新成果分享的经济效益。科技成果价值评估方法在龙王庙气田和页岩气等科技成果增储增产收益分成评估、油气科技创新成果其他收益经济价值评估、油气勘探开发技术产品市场交易价格评估等方面都进行了实证应用，但目前还没有应用到油气储运领域，并且油气勘探开发中的增储、增产类不适合油气储运领域，需要结合油气储运实际情况进行指标体系和参数的设计。

第三章

油气储运科技成果分类
及创新创效机制

第一节　科技成果的分类

一、国家对科技成果的分类

（一）科技部《科技成果登记办法》对科技成果的分类

科技部 2000 年 12 月 7 日发布的《科技成果登记办法》将科技成果分为三类，即基础理论成果、应用技术成果和软科学研究成果（如图 3-1 所示）。基础理论成果是指发现并阐明自然现象、特征、规律及其内在联系的自然科学基础理论和应用基础理论研究的成果。应用技术成果是指可用于生产或指导生产的科技成果，包括可以独立应用的阶段性研究成果和引进技术、设备消化、吸收创新成果，主要表现为新产品、新技术、新工艺、新材料、新设计以及生物、矿产新品种、新资源等。软科学研究成果主要是指为决策科学和管理现代化而进行的有关发展战略、政策、规划、评价、预测、科技立法以及管理科学与政策科学的研究成果，具有一定的创造性，并对工作有一定的指导意义。

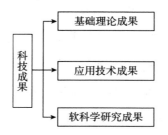

图 3-1　《科技成果登记办法》对科技成果的分类

2021 年 7 月，科技部火炬中心下发《关于开展〈科技成果登记办法〉修订工作的通知》（国科火字〔2021〕112 号）就修订《科技成果登记办法》（国科发计字〔2000〕542 号）发文征求意见，对科技成果的分类进行了相应调整。

（二）《中华人民共和国科学技术进步法》对科技成果的分类

2021 年 12 月 24 日第十三届全国人民代表大会常务委员会第三十二次会议第二次修订通过《中华人民共和国科学技术进步法》第二章基础研究、第三章应用研究与成果转化。从此，中国的科学技术研究开发总体上分为"基础研究"和"应用研究"两大类。相应地，科技成果分为基础研究科技成果和应用研究科技成果。

《中华人民共和国科学技术进步法》第七条规定："超前部署重大基础研究、有重大产业应用前景的前沿技术研究和社会公益性技术研究，支持基础研究、前沿技术研究和社会公益性技术研究持续、稳定发展"，将科学研究分为基础研究、前沿技术研究和社会公益性技术研究三大类。相应地，科技成果可以分为基础研究科技成果、前沿技术研究科技成果和社会公益性技术研究科技成果三大类。

（三）《国家科学技术奖励条例》对科技成果的分类

2020年10月7日中华人民共和国国务院令第731号第三次修订发布《国家科学技术奖励条例》。《国家科学技术奖励条例》第三条特别强调，国家加大对自然科学基础研究和应用基础研究的奖励，说明基础研究分为自然科学基础研究和应用基础研究两大类。

自然科学奖主要关注的是基础研究，国家自然科学奖授予在基础研究和应用基础研究中阐明自然现象、特征和规律，做出重大科学发现的个人（见表3-1）。国家科技进步奖和国家技术发明奖主要关注应用研究领域，国家技术发明奖授予运用科学技术知识做出产品、工艺、材料、器件及其系统等重大技术发明的个人（见表3-2）；国家科学技术进步奖授予完成和应用推广创新性科学技术成果，为推动科学技术进步和经济社会发展做出突出贡献的个人、组织（见表3-3）。

表3-1 自然科学奖报奖专业分类

序号	专业组
1	数学组
2	物理与天文学组
3	化学组
4	地球科学组
5	生物学组
6	基础医学组
7	信息科学组
8	材料科学组
9	工程技术科学组
10	力学组

表 3-2　国家技术发明奖报奖专业分类

序号	专业组
1	农林养殖组
2	医药卫生组
3	国土资源组
4	环境与水利组
5	轻工纺织组
6	化工组
7	材料与冶金组
8	机械与动力组
9	电子信息组
10	工程建设组

表 3-3　国家科技进步奖报奖专业分类

序号	专业组	序号	专业组
1	作物遗传育种与园艺	15	土木建筑
2	林业	16	水利
3	养殖业	17	交通运输
4	科普	18	标准计量与文体科技
5	工人、农民技术创新	19	环境保护
6	轻工	20	气候变化与自然灾害监测
7	纺织	21	内科与预防医学
8	化工	22	中医中药
9	非金属材料	23	药物与生物医学工程
10	金属材料	24	通信
11	机械	25	农艺与农业工程

序号	专业组	序号	专业组
12	动力电气与民核	26	外科与耳鼻咽喉颌
13	电子与科学仪器	27	矿山与油气工程
14	计算机与自动控制	28	资源调查

（四）《关于完善科技成果评价机制的指导意见》对科技成果的分类

国务院办公厅《关于完善科技成果评价机制的指导意见》（国办发〔2021〕26号）中将科技成果分为基础研究成果、应用研究成果和技术开发与产业化成果。

1. 基础研究成果

基础研究成果以同行评议为主，鼓励国际"小同行"评议，推行代表作制度，实行定量评价与定性评价相结合。

2. 应用研究成果

应用研究成果以行业用户和社会评价为主，注重高质量知识产权产出，把新技术、新材料、新工艺、新产品、新设备样机性能等作为主要评价指标。

应用研究成果又分为应用基础研究成果和应用研究成果两大类。应用研究成果包括新技术、新材料、新工艺、新产品、新设备成果。

3. 技术开发和产业化成果

不涉及军工、国防等敏感领域的技术开发和产业化成果，以用户评价、市场检验和第三方评价为主，把技术交易合同金额、市场估值、市场占有率、重大工程或重点企业应用情况等作为主要评价指标（如图3-2所示）。

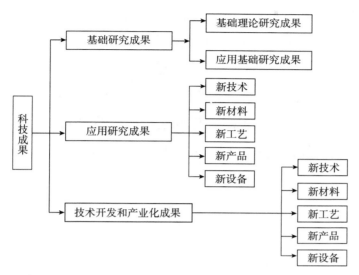

图 3-2　《关于完善科技成果评价机制的指导意见》对科技成果的分类

二、中国石油对科技成果的分类

《中国石油天然气集团有限公司科技成果认定与评价暂行办法》明确，科技成果是指由组织或个人完成的各类科学技术活动所产生的具有一定学术价值或应用价值，具备科学性、创造性、先进性等属性的新发现、新理论、新方法、新技术、新产品、新品种和新工艺等；一般分为基础理论成果、应用技术成果和管理决策成果。

另外，基于学科专业、研发阶段、能否计算直接经济效益等不同角度，可对中国石油的科技成果进行相应的分类。依据中国石油科技报奖推荐系统的学科专业划分，中国石油的科技成果按评审组大专业可分为油气勘探、油气田开发、炼油化工、物探测井、钻井工程与装备、管道及地面工程、信息技术、综合管理等类型。按应用小专业划分，可以分为油气地质、油气藏工程、采油采气工程、油气物探工程、石油钻井工程、测井技术、炼油技术、化工技术、储运工程、油气地面工程、信息技术、自动化技术、石油装备、经济管理、综合与管理、安全环保、其他等专业。另外，按照能否计算直接经济效益，可分为能计算直接经济效益的成果（Ⅰ类成果）和不能计算直接经济效益的成果（Ⅱ类成果）。Ⅱ类成果主要包括经济管理、公益类等（如图3-3所示）。

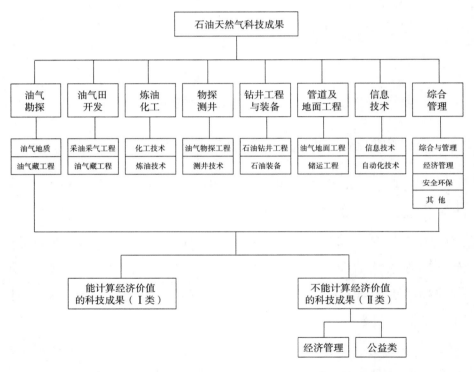

图 3-3　中国石油基于学科专业划分的科技成果分类图

　　依据中国石油工程技术类专业技术岗位系列专业划分，一级专业划分为地质勘探、物探、测井、油气田开发、油气井工程、石油炼制、石油化工、地面建设和油气储运、机械、信息工程、安全环保、新能源 12 个，二级专业有 84 个，三级专业 404 个（见表 3-4）。与油气储运相关的专业级序见表 3-5 和表 3-6。

表 3-4　中国石油工程技术类专业技术岗位系列专业划分表

序号	一级专业	二级专业	三级专业
1	地质勘探	7	37
2	物探	6	45
3	测井	4	21
4	油气田开发	8	50
5	油气井工程	8	28
6	石油炼制	5	21
7	石油化工	10	18
8	地面建设和油气储运	6	50
9	机械	12	42
10	信息工程	3	23
11	安全环保	8	51
12	新能源	7	18
	合计	84	404

表 3-5　中国石油油气田开发专业下属二级专业油气矿场集输专业划分表

序号	二级专业	三级专业
1	油气矿场集输	非常规气合采集输与处理（煤层气、致密气、页岩气）
2		原油与天然气净化与处理
3		油气计量
4		油气集配及输送技术

表 3-6 中国石油地面建设和油气储运专业下属二、三级专业划分表

序号	二级专业	三级专业
1	工程规划及设计	油气集输处理工艺
2		管线工程
3		仪表自控工程
4		供配电工程
5		通信工程
6		设备工程
7		防腐保温及阴极保护
8		总图及道路
9		建筑与结构
10		给排水及消防
11		供热及暖通
12		安全设施及消防
13		环境保护
14		职业卫生
15		节能及减排
16		工程造价及经济评价
17		海洋油气工程
18	工程测量与勘察	工程测量（含普测、遥感、航测）
19		工程勘察（含工程地质、水文地质、地震地质）
20	工程施工	油气管道施工
21		储罐建造安装施工
22		工艺安装
23		机械（设备）安装
24		焊接工艺
25		防腐绝热工艺

序号	二级专业	三级专业
26	工程施工	给排水与消防
27		土建与园林绿化
28		电气及电力
29		通信及自动化
30		工业与民用建筑
31		道路桥梁
32		暖通热力
33		穿跨越工程
34		市政工程
35	工程监理与监督检测	工程监理（含土建、安装、电气、仪表等）
36		工程检测（含射线、超声、渗透、磁粉等）
37		工程质量监督
38	地面建设和油气储运工程数智化建设	数据采集与监控
39		数据传输
40		智能化建设
41	工艺系统运行	油田集输与处理
42		气田集输与处理
43		采出水处理及注入系统
44		油气田数字化生产系统管理
45		油气田腐蚀与控制运行管理
46		生产辅助系统运行管理
47		管道和站场完整性管理
48		储气库和储油库运行系统管理
49		长输管道运行系统管理
50		海洋工程运行系统管理

第二节　油气储运技术级序构建

一、油气储运及地面工程业务界定

（一）油气储运在油气全产业链中地位

油气储运是石油及天然气储存与运输的简称，广义的油气储运包括油气的集输与处理、长距离输送、储存与储备、城市输配及军事油料供给等系统。狭义的油气储运只包括油气长距离输送、油气储存，专指油气产业链的中游。总之，油气储运是油气工业的重要组成部分，是连接油气勘探开发、销售、加工与利用等环节的纽带（如图 3-4 所示）。

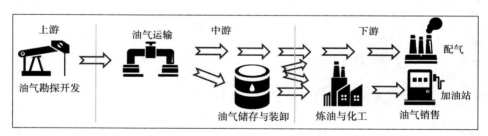

图 3-4　油气全产业链示意图

根据国务院学位委员会、教育部《学位授予和人才培养学科目录（2011 年）》（学位〔2011〕11 号）和教育部《授予博士、硕士学位和培养研究生的学科、专业目录》，油气储运工程属于工学中的一级学科石油与天然气工程（学科代码 0820）下属的二级学科，学科代码 082003，与油气井工程（082001）和油气田开发工程（082002）并列。目前油气储运工程专业研究生招生的高校主要有中国石油大学（北京）、中国石油大学（华东）、西南石油大学、长江大学、西安石油大学、东北石油大学、华东理工大学、中国民航大学等。通过查询这些高校油气储运工程专业的相关介绍，该专业属于石油主干专业，又是横跨交通运输和石油工程两大学科的复合型专业，培养目标是使学生掌握各类油气储运设施（矿场油气集输与处理系统、油气长输管道、油气装卸与储存设施等）及城市油气输配设施的规划、设计、施工、运行维护、技术开发等方面的专业知识和技能。该专业涵盖油气矿场集输工艺、油气长输管道工艺、油气储存与装卸工艺、城市油气输配工艺、油气储运设施施工等专业方向。

因此，从学科专业划分，集、输、储、配都属于油气储运工程大学科专业的范畴，"集"主要指油气集输和处理；"输"指油气长距离输送；"储"指油气储存与装卸；"配"面向用户的油气输配，包括加油站和城市输配系统等。从油气产业链各环节来看，"集"主要属于油气开发环节的地面工程，中国石油工程技术类专业技术岗位分类中，油气矿场集输专业就属于油气田开发大专业，油气矿场集输专业包括非常规气合采集输与处理（煤层气、致密气、页岩气）、原油与天然气净化与处理、油气计量、油气集配及输送技术等三级专业；"配"主要属于油气利用环节，如加油站、城市燃气配送等（如图3-5所示）。

中国传统意义上的油气储运业务按照油气全产业链的中游划分，主要是"输"和"储"两大环节，主要包括输油管道（原油管道、成品油管道）、天然气长输管道、储油与装卸、地下储气库等。

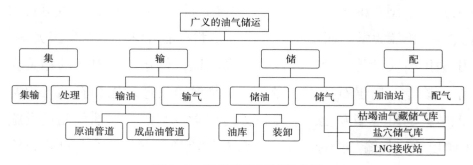

图 3-5 广义的油气储运范围

根据国家能源局《石油天然气规划管理办法》（2019 年修订）
（国能发油气〔2019〕11 号）第十三条，油气储运包括原油管道、
成品油管道、天然气管道、进口液化天然气（LNG）接收站及地
下储气库等。根据国家石油天然气发展"十三五"规划（发改能
源〔2016〕2743 号），明确提出"推进原油、成品油管网建设，加
快石油储备能力建设，加快天然气管网建设，加快储气设施建设
提高调峰储备能力（含地下储气库和 LNG 接收站）"。中国《中长
期油气管网规划》（发改基础〔2017〕965 号）中也明确要求，加
强天然气管道基础管网，完善原油管道通道布局，优化成品油管
道网络结构，加快油气储备调峰设施建设。国家发展改革委、国
家能源局《"十四五"现代能源体系规划》（发改能源〔2022〕210
号）中明确，统筹推进地下储气库、液化天然气（LNG）接收站
等储气设施建设；完善原油和成品油长输管道建设；加快天然气
长输管道及区域天然气管网建设，推进管网互联互通，完善 LNG
储运体系。因此，国家层面的规划中油气储运也是只包括"输"
和"储"两大环节，其中储气设施包括地下储气库、液化天然气
（LNG）接收站两部分。

（二）油气储运及地面工程科技成果的范围界定

根据中国石油学科专业划分，"管道及地面工程"是一大类，将地面工程纳入管道专业——管道及地面工程，包括油气地面工程、储运工程两大应用专业。

本书的油气储运科技成果界定为"输"和"储"两个领域的科技成果。主要包括油气长输管道、地下储气库、LNG 接收站、储油库等，其他介质的储运，如 CO_2 的输送和储运，氢气的输送和储存可以参照油气储运科技成果经济价值评估方法及参数执行。油气储运科技成果的范围如图 3-6 所示。

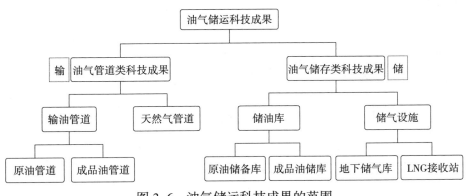

图 3-6 油气储运科技成果的范围

通过查询相关标准和规范，油气地面工程涵盖范围非常广，包含了油气产业链各环节的地面部分，如油气田地面工程、油气管道工程、储气库地面工程、LNG 液化厂工程等（SY/T 7405—2018）。科技成果经济效益评估时，为合理区分大专业领域各项技术的贡献，可将相应的地面工程部分划入相应的大专业，例如将油气田地面工程划入油气开发大专业。

油气田地面工程是指从井口（采油树）到商品原油天然气外

输为止的全部工程。主要包括油气集输、油气处理、污水处理及其辅助生产设施等。通常油气田地面工程作为油气开发产能建设项目的系统配套，油气井的井口产能与地面集输、油气处理及其辅助系统相匹配，并协同作用，形成油气生产能力（如图3-7所示）。本书所指地面工程主要考虑作为独立系统能产生增量效益的油气田地面工程。其他作为油气开发产能建设项目系统配套的地面工程则可以用"降本增效""技术服务"和"产品类"科技成果经济效益评估方法与参数来进行评价，或者采用中国石油正式印发的《油气勘探开发科技成果经济效益评估操作指南》来评价。

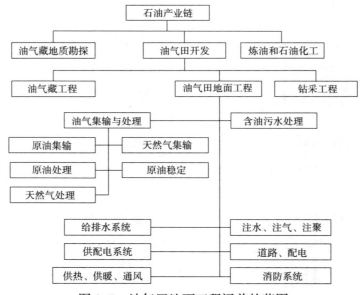

图3-7　油气田地面工程涵盖的范围

本书所涉及的油气储运与地面工程科技成果的范围如图3-8所示。其中储油库（原油库和成品油库）一般都纳入炼化项目一体化建设和管理，也有部分成品油库与加油站网络、成品油管道同步规划和建设，属于成品油管道、加油站的枢纽库或周转油库。因此，本书储油库主要考虑战略储备油库和其他独立油库。

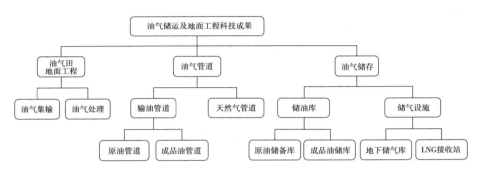

图 3-8　油气储运及地面工程科技成果涵盖的范围

二、油气储运技术现状与发展趋势

（一）油气储运技术现状

中国油气储运技术迅速发展，在管道建设及油气输送、储气库建设、LNG 接收站建设、地下水封洞油库建设等方面取得了长足进步。特别是在大口径、高钢级输气管道建设和复杂地质条件储气库建设等方面，中国由追赶者变成领跑者，奠定了中国油气储运行业的世界强国地位。

在油气管道方面，主要突破了管道密闭运行及水击控制保护技术、易凝高黏原油输送技术、成品油顺序输送与优化运行技术、大落差管道设计及投产运行技术、管道工程建设高效施工技术及装备、高等级管材制造技术与关键装备国产化技术、管道运行仿真技术、管道完整性管理技术、智能化管道技术等。例如，中国石油的油气管道技术有形化成果主要共包括 5 大系列 27 项特色技

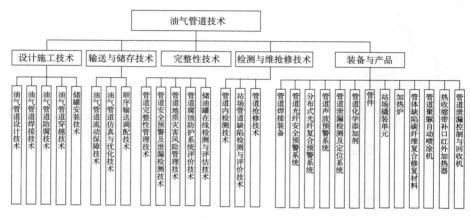

术（如图 3-9 所示），成功应用于国内的西气东输管道、西气东输二线管道、西部管道、忠武管道、兰成渝管道等工程建设与管理，以及苏丹、利比亚、印度、俄罗斯、中亚地区等国外管道工程建设与运行管理。

图 3-9 中国石油的油气管道技术有形化成果

在地下储气库方面，包括油气藏型、盐穴型、含水层型、矿坑型四种。目前全球共有 900 多座地下储气库，工作气量接近 5000 亿立方米，以气藏型储气库为主，占 70% 以上。储气库建设工程是一个复杂的系统工程，是一个多专业、多学科的综合性工程。中国在建库的技术已经比较成熟，储气库总体技术框架初步形成，针对国内储气库建设的实际困难，围绕钻完井、固井、注采、储层保护、监测、老井封堵等工艺开展了一系列研究工作，见表 3-7。形成了配套钻采工程特色技术，在钻完井、固井、注采、储层保护、监测、老井封堵等工艺技术取得了一系列成果，较好地满足了中国气藏型储气库建造的需要。截至 2023 年，中国石油储气库团队创建了复杂地质条件储气库圈闭动态密封理论和

表 3-7　储气库总体技术体系及关键技术

气藏型储气库		盐穴型储气库	
技术体系	单项技术	技术体系	单项技术
建库地质评价	储气库构造、圈闭密封性、储渗空间、圈闭建模等	盐层地质评价	地层构造、盖层密封性、含盐地层地质分析、夹层描述与评价、含盐地层稳固性等
库容参数设计	孔隙空间动用、有效孔隙体积计算、上限压力、下限压力、库容量、气垫气量和工作气量等	造腔设计与稳定性评价	腔体设计、工艺参数设计、力学特性试验、稳定性评价等
建库方案设计	注采运行方案、监测方案、设计方案优化等	造腔控制与盐腔检测	造腔形态控制、夹层垮塌控制、密封性检测、声呐检测、阻溶剂界面检测等
钻完井工程技术	钻井工艺设计、井身结构设计、强度设计及材质优选、储层保护技术、固井技术、老井评价与处理、井筒完整性等	注气排卤技术	工艺方案设计、施工作业流程、设备装置选型与安装等
注采工艺	注采参数设计、注采管柱设计、注采完井工艺等	地面工程配套工艺	造腔采卤地面工艺、注采气地面工艺、设备选型、地面配套工程等
地面工程	总体布局、注采集输工艺、注采管网、集注站、外输及计量等	运行方案设计与优化	运行方案设计、热动力学模拟计算、运行方案优化等
库存管理与配产配注	运行监测与数据管理、注采能力预测与优化配产配注、库存管理与评价、运行管理与检维修等	已有老腔改造技术	筛选原则、稳定性评价、老腔改造、密封性检测等

库容分区动用新方法，突破了适应超低压地层、储气库交变载荷工况的钻完井技术，研制了大功率高压高转速往复式注气压缩机组和高压采气处理装置，创新了储气库风险评价与控制关键技术，保障了储气库安全运行。就盐穴储气库特有的关键技术而言，包括盐穴储气库的选址技术、造腔工艺技术、老腔改造与利用技术、完井技术和生产运行技术，其他技术基本与油气田开发和油气藏储气库相关技术相同（如图3-10所示）。中国的储气库技术在复杂地质条件下大型储气库选址与建库技术国际领先，推动了储气库大规模工业化建设，使中国一举成为复杂地质条件储气库建设的引领者。

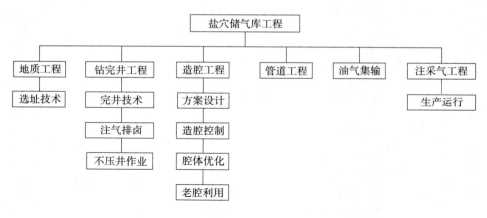

图 3-10　盐穴储气库关键技术

在LNG接收站方面，其主要功能是将从海外船运进的液化天然气通过码头接收到储罐中，然后通过接收站的气化装置，将液态的天然气重新气化成气态的天然气，再通过外输管道向下游城市燃气用户、燃气发电用户和其他工业企业用户输送。还有一部分可以直接将储罐中的液态天然气充装到液化天然气槽车中，将液态的天然气通过槽车运送到液化天然气加气站或小型气化站。典型的 LNG 接收站工艺流程如图 3-11 所示。LNG 接收站的技术已相当成熟，其差异主要体现在对液化天然气（LNG）储罐蒸发气（BOG）的处理方式不同和由于环境条件差异而引起的气化器选型不同，造成的局部工艺流程不同。按照对液化天然气（LNG）储罐蒸发气（BOG）的处理方式不同，液化天然气接收站的工艺方法有直接输出和再冷凝两种。根据接收站所处位置自然条件，包括气温、海水温度及海水水质，气化器可以选用开架式气化器（ORV）、浸没燃烧式气化器（SCV）、中间媒体气化器（IFV）、管壳式气化器（STV）等。LNG 储罐的发展方向是大型化，世界上普遍采用的大容积 LNG 储罐有四种类型：单容罐、双容罐、全容罐（两种形式）、薄膜罐。大型 LNG 储罐是整个 LNG 产业链中的核心设施，建造成本可占到 LNG 接收站建设成本的 20%～40%。目前，国内 LNG 储罐技术日趋成熟，大型化和多样化发展取得了长足进步，超大容积 LNG 储罐技术正在应用（27 万立方米，中国海油江苏项目 6 座、珠海项目 5 座），LNG 薄膜型大型化储罐技术也在国内有所应用。另外，在 LNG 接收站关键设备和材料国产化方面，LNG 接收站关键设备和材料基本已实现国产化或具备国产化应用基础，整体国产化率可达 90%。目前，在低温 BOG 压缩机、LNG 潜液泵、LNG 气化器、LNG 罐顶用防爆型起重机、LNG 卸料臂、LNG 装船泵、保冷材料、低温阀门、LNG 冷能发电等方面均已实现国产化。

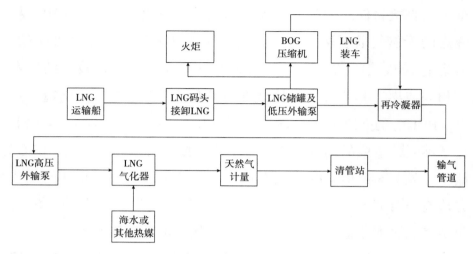

图 3-11　典型的 LNG 接收站工艺流程示意图

在油库方面，其主要功能是用来储存石油或石油产品，主要分为地面储罐油库、海上油库、盐穴溶腔油库、地下水封洞油库等。其中地面、海上的储罐类油库的技术非常成熟，典型的地面储罐油库主要构成见表 3-8。盐穴溶腔油库具有安全性高、符合环保要求、储备量大、投资少、存取方便等优势，因此利用岩盐溶腔建造储油库是目前许多拥有丰富岩盐资源国家普遍采用的方法，美国、法国、德国、俄罗斯、加拿大等多个发达国家相继建造了规模巨大的盐穴储油库，国外盐穴溶腔储油的技术也非常成熟，盐穴造腔等技术与储气库类似，盐穴溶腔储油在中国暂无先例。地下水封石洞油库是位于地下水位以下一定深度岩体中开挖处的采用水封原理储存原油或油品的地下空间系统。地下水封石洞油库主要包括卸船（车）入库设施、地下结构、装船（装车）外输设施、油气回收与裂隙水（含油污水）处理设施等部分。地下结构为其中最主要的部分，由施工巷道、水幕系统、洞罐、竖井（操作竖井）和泵坑等组成（如图 3-12 所示）。地下水封洞库储存石油资源具有安全可靠、经济实用、投资少、占地小、环保和生态友好、储量大并且利于战备等特点。21 世纪初，地下水封储存方式在中国东南沿海地区得以广泛应用。近年来随着国家战略石油储备基地三期项目的持续建设，地下水封储油方式得到深入发展，中国在大型水封洞库设计、施工、水幕系统等关键技术方面都取得长足进步，部分技术已经达到国际水平。

表 3-8　典型的地面储罐油库构成表

序号	分区		区内主要建筑物和构筑物
1	储油区		油罐、防火堤等
2	装卸区	铁路装卸区	铁路装卸油品栈桥、油泵房、桶装油品仓库等
		水路装卸区	装卸油码头、油泵房、灌油间、桶装油品仓库等
		公路装卸区	高架罐、灌油间、汽车装卸油品设备、桶装仓库等
3	辅助生产区		修洗桶间、消防泵房、消防车库、机修间、器材库、锅炉房、化验室、污水处理设备等
4	行政管理区		办公室、传达室等
5	生活区		宿舍、生活娱乐设施（场所）、浴室、食堂

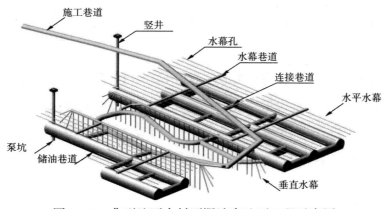

图 3-12　典型地下水封石洞油库地下工程示意图

（二）油气储运技术发展趋势

油气储运技术发展总体围绕三个目标开展：安全、高效、智能，即油气储运技术将朝着安全运行、高效输送、智能化等方向发展。另外，管道油气混输、油气管道输送氢气等其他介质技术，储气库储氢、储能技术，储气库垫底气替换技术等成为下一步油气储运技术突破的方向。

油气长输管道的技术发展趋势：高压力、大口径、大流量、智能化、网络化、多介质等。

地下储气库技术发展趋势：高压大流量注采、多周期注采、地层—井筒—地面安全风险监测评价、减少垫气量混相等。

LNG 接收站技术发展趋势：超大容积 LNG 储罐、冷能综合利用、LNG 接收站功能多样化等。

储油库技术发展趋势：大容量、地下洞库、战略安全、混合储存等。

三、油气储运领域科技成果的特点

油气储运设施项目全生命周期一般要经过选址、设计、工程建设、高效运行、废弃处置等流程和环节，各流程、各环节都需要技术支撑（如图 3-13 所示）。

与油气勘探开发领域相比，油气储运领域综合性技术少，单项技术较多，表现为散、乱、杂，除提高安全等类型技术以外，多数技术的直接经济效益界限划分比较清晰，按增加收益和节约资金两大类经济效益表现比较明确。

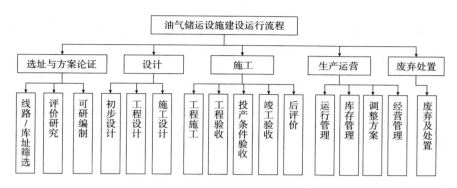

图 3-13　油气储运设施全生命周期通用业务流程

四、油气储运技术级序结构设计

按照前面章节所述油气科技成果经济价值评估的原理，油气科技成果的经济价值是以科技成果转化应用取得的总体经济效益为基础，通过对科技成果的生产要素、技术层级、技术创新贡献进行三次分成，确定科技成果的经济效益。因此，对于多专业技术协同创造经济价值的油气储运科技成果，开展技术谱系梳理，划分技术级序是确定技术层级分成系数的基础。

（一）油气储运技术级序设计原则

综合性：涵盖全部专业领域，油气储运领域的某项创新性单项技术都可以找到相应的技术级序位置。

前瞻性：适当超前，考虑技术的发展前景和趋势。

规范性：符合规范和相关标准的要求，术语尽量采用油气专业术语或标准术语。

迭代性：根据技术发展情况，对油气储运技术级序定期或不定期进行迭代升级。

（二）设计思路

对于多专业技术协同创造经济效益的科技成果，按照油气储运专业学科分类，遵循业务活动决定技术需求的原则，以油气储运所涵盖的主体工程链、主体工程所涵盖的业务链、业务链所涵盖的作业链等为基础，分别构建一级、二级、三级技术级序，然后依据同层级不同技术的相对价值关系采用层次分析法（AHP）等确定技术级序的权重，技术要素内的单项技术贡献按照技术级序权重进行递进分割。

（三）油气储运技术级序结构

按三级技术级序设计。一级技术级序按照油气储运涉及范围中的大专业领域划分，例如储气库的一级技术可以还分为地质与气藏工程、钻采工程、地面工程、运行优化、完整性管理等。二级大专业领域里面的专业技术方向，如储气库的一级技术地质与气藏工程可以划分为建库选址评价、建库方案设计、建库气藏评价、建库监测评价等。三级为专业技术方向里面的具体技术或子技术，例如建库气藏评价又可细分为注采渗流特征评价、注采能力评价、库容评价等子技术。

五、油气储运技术级序与技术谱系构建

通过查询现有的油气储运领域技术标准和咨询专家，构建了油气储运技术级序与技术谱系。

（一）油气管道

参考《油气输送管道完整性管理规范》（GB 32167—2015）、《油气管道运行规范》（GB/T 35068—2018）、《输气管道工程设计规范》（GB 50251—2015）、《输油管道工程设计规范》（GB 50253—

2014)、《油气长输管道工程施工及验收规范》（GB 50369—2014）
等标准，油气管道分为工程勘察与设计、管道线路、管道场站、
工艺及设备、自控与信息、生产运行、运行与维护7项一级技术，
共有24项二级技术（见表3-9）。

表3-9 油气管道技术级序

序号	技术级序		
	一级	二级	三级（略）
1	工程勘察与设计	工程测量与勘察	
		管道水力计算与流动保障	
		管道设计	
2	管道线路	线路选择	
		管道敷设	
		管道穿（跨）越	
		管道及管道附件	
		管道焊接与检验	
3	管道场站	输油气管道场站、清管站	
		油气处理	
		油气计量	
4	工艺及设备	油气输送工艺	
		压缩机及其辅助设备（输油泵）	
		施工设备	
5	自控与信息	仪表与自动控制	
		通信与信息化	
		输油气管道监控	
6	生产运行	模拟仿真与运行优化	
		油气管道运行调配	
		管道监测	

序号	技术级序		
	一级	二级	三级（略）
7	运行与维护	管道检测与评价	
		防腐与保温	
		管道抢维修	
		管道完整性管理	

（二）地下储气库

地下储气库方面主要包括油气藏地下储气库、盐穴地下储气库和含水层地下储气库等，含水层地下储气库在中国尚处于研究阶段，因此没有构建其技术级序。参考《储气库选址评价推荐做法》（SY/T 7643—2021）、《地下储气库设计规范》（SY/T 6848—2012）、《储气库气藏管理规范》（SY/T 7649—2021）、《枯竭型气藏储气库钻井技术规范》（SY/T 7451—2019）、《气藏型储气库地面工程设计规范》（SY/T 7647—2021）等标准，油气藏地下储气库分为地质与气藏工程、钻采工程、地面工程、运行优化、完整性管理 5项一级技术，共有 18 项二级技术，技术级序见表 3-10。参考《盐穴地下储气库安全技术规程》（SY 6806—2019）、《盐穴储气库造腔井下作业规范》（SY/T 7650—2021）、《盐穴型储气库井筒及盐穴密封性检测技术规范》（SY/T 7644—2021）等标准，盐穴地下储气库分为建库选址评价与设计、钻采工程、造腔工程、地面工程、运行优化、完整性管理 6 项一级技术，共有 21 项二级技术，技术级序见表 3-11。

表 3-10　　油气藏地下储气库技术级序

序号	技术级序		
	一级	二级	三级（略）
1	地质与气藏工程	建库选址评价	
		建库方案设计	
		建库气藏评价	
		建库监测评价	
2	钻采工程	老井评价与处理	
		钻完井工程	
		注采工程	
3	地面工程	注气系统	
		采、集气及天然气处理系统	
		外输与计量	
		仪表及自动控制	
4	运行优化	模拟仿真与运行优化	
		储气库运行调配	
		运行监测	
5	完整性管理	地质体完整性检测	
		井筒完整性检测	
		地面设施完整性检监测	
		完整性评价	

表 3-11　　盐穴地下储气库技术级序

序号	技术级序		
	一级	二级	三级（略）
1	建库选址评价与设计	建库地质评价	
		造腔方案设计	
		溶腔稳定性评价	

序号	技术级序		
	一级	二级	三级（略）
2	钻采工程	钻完井工程	
		注采工程	
		注气排卤	
3	造腔工程	老腔改造	
		造腔模拟预测	
		造腔检测与过程控制	
4	地面工程	造腔采卤地面系统	
		注采气地面系统	
		天然气处理	
		外输与计量	
		仪表及自动化	
5	运行优化	模拟仿真与运行优化	
		储气库运行调配	
		运行监测	
6	完整性管理	盐腔完整性检测	
		井筒完整性检测	
		地面设施完整性检测	
		完整性评价	

（三）LNG 接收站

参考《液化天然气接收站工程设计规范》（GB 51156—2015）、《液化天然气接收站工程初步设计内容规范》（SY/T 6935—2019）、《液化天然气接收站运行规程》（SY/T 6928—2018）、《液化天然气接收站技术规范》（SY/T 6711—2014）等标准，LNG 接收站分为站址选择与工程设计、码头与 LNG 装卸、LNG 储罐、BOG 回收与处理、LNG 液态输送、LNG 气化外输、运行与维护 7 项一级技术，共有 26 项二级技术，技术级序见表 3–12。

表 3–12　LNG 接收站技术级序

序号	技术级序		
	一级	二级	三级（略）
1	站址选择与工程设计	站址选择	
		工程测量与勘察	
		LNG 接收站工艺设计	
2	码头与 LNG 装卸	防波堤及码头施工	
		船岸连接	
		LNG 装卸	
		LNG 装卸管道系统布置与水力分析	
3	LNG 储罐	LNG 储罐工艺系统	
		LNG 储罐结构与材料	
		检验与试验	
		干燥、置换和冷却	
4	BOG 回收与处理	BOG 回收方案与系统	
		BOG 主要设备和材料	
		BOG 配套设施	
5	LNG 液态输送	LNG 液态输送管道	
		LNG 增压系统	
		LNG 槽车装车系统	

序号	技术级序		
	一级	二级	三级（略）
6	LNG 气化外输	LNG 气化	
		轻烃回收	
		LNG 冷能利用	
		外输管道与计量	
		仪表与自动控制	
7	运行与维护	运行优化与调配	
		腐蚀与防护	
		装置抢维修	
		完整性管理	

（四）储油库

油库主要分为地面储罐油库、海上储罐类油库、盐穴溶腔油库、地下水封洞油库等。截至目前，中国暂时还没有盐穴溶腔油库，因此没有构建其技术级序。参考《石油库设计规范》（GB/T 50074—2014）、《石油储备库设计规范》（GB 50737—2011）等标准，储罐类油库分为库址选择与工程设计、油品传输与装卸、储罐及其配套设施、运行优化、安全防护 5 项一级技术，共有 18 项二级技术，技术级序见表 3-13。参考《地下水封石洞油库设计标准》（GB/T 50455—2020）、《地下水封石洞油库施工及验收规范》（GB/T 50996—2014）、《石油天然气建设工程施工质量验收规范——地下水封石洞油库工程》（SY/T 7475—2020）等标准，地下水封洞油库分为库址选择与工程设计、地面及储运设施、地下工程、运行优化、安全防护 5 项一级技术，共有 19 项二级技术，技术级序见表 3-14。

表 3-13　储罐类油库技术级序

序号	技术级序		
	一级	二级	三级（略）
1	库址选择与工程设计	库址选择	
		工程测量与勘察	
		建库方案设计	
2	油品传输与装卸	工艺及热力管道	
		油品装卸系统	
		油气回收与含油污水处理	
		计量与检测	
		仪表及自动化	
3	储罐及其配套设施	储罐及其附件	
		防火堤	
		输油泵及泵站	
4	运行优化	模拟仿真与运行优化	
		油库运行调配	
		运行监测	
5	安全防护	密封性检测与渗漏控制	
		安全监测与评价	
		腐蚀与防护	
		完整性管理	

表 3-14 地下水封洞油库技术级序

序号	技术级序		
	一级	二级	三级（略）
1	库址选择与工程设计	建库选址评价	
		工程测量与勘察	
		建库方案设计	
2	地面及储运设施	油品装卸系统	
		油气回收与污水处理	
		计量与检测	
		连接管道系统	
		洞罐及潜油泵、潜水泵等	
3	地下工程	储油洞室	
		施工巷道	
		水幕系统	
		地下工程施工技术	
4	运行优化	模拟仿真与运行优化	
		油库运行调配	
		运行监测	
5	安全防护	密封性检测	
		地下工程安全监测	
		腐蚀与防护	
		完整性管理	

（五）油气田地面工程

油田地面工程分为工程勘察与设计、原油集输、油气处理与计量、污水处理、原油储运、运行与维护 6 项一级技术，共有 20 项二级技术，技术级序见表 3-15。气田地面工程分工程勘察与设

计、天然气集输、天然气处理与计量、污水处理、运行与维护 5
项一级技术，共有 17 项二级技术，技术级序见表 3–16。

表 3–15 油田地面工程技术级序

序号	技术级序		
	一级	二级	三级（略）
1	工程勘察与设计	工程测量与勘察	
		地面工程设计	
2	原油集输	集输管道	
		集输场站	
		集输管道施工	
		管材与配件	
		信息化智能化	
3	油气处理与计量	油气分离	
		原油脱水	
		原油稳定	
		油气水计量	
4	污水处理	采出水处理	
		采出水回注	
		污水处理	
5	原油储运	原油储罐	
		输油泵	
6	运行与维护	检测与评价	
		防腐蚀与保温	
		抢维修	
		地面工程完整性管理	

表 3-16　气田地面工程技术级序

序号	技术级序		
	一级	二级	三级（略）
1	工程勘察与设计	工程测量与勘察	
		地面工程设计	
2	天然气集输	集输管道	
		集输场站	
		集输管道施工	
		管材与配件	
		信息化智能化	
3	天然气处理与计量	天然气净化	
		轻烃回收	
		天然气分析测试与计量	
4	污水处理	气田水处理	
		采出水回注	
		污水处理	
5	运行与维护	检测与评价	
		防腐蚀	
		抢维修	
		地面工程完整性管理	

第三节　油气储运科技创新创效机制与
成果效益类型划分

一、油气储运科技创新创效机制

（一）油气储运业务生产要素投入分析

党的十九届四中全会提出，健全劳动、资本、土地、知识、技术、管理、数据等生产要素由市场评价贡献、按贡献决定报酬的机制。2020年3月30日中共中央、国务院下发的《关于构建更加完善的要素市场化配置体制机制的意见》中，在传统生产要素土地、劳动力、资本、技术的基础上，增加了新型生产要素"数据"。

技术作为要素市场中的重要一环，与资金、土地等其他生产要素一样，在现代公司法律制度中，已经明确作为股东出资的一种形式，受到法律认可。《公司法》第二十七条"股东可以用货币出资，也可以用实物、知识产权、土地使用权等可以用货币估价并可以依法转让的非货币财产作价出资"。

本书研究还是基于劳动、资本、技术、管理传统四要素来进行分析。

（二）油气储运科技成果产出类型分析

科技成果通过两种方式为企业创造直接经济效益：一是增加收益；二是节约资金。无论采用哪种方式获得效益，都是在科技成果转化应用后总的经济收益基础上进行科技成果贡献的分成，这就是科技成果收益分成原理（LSLP原则）。

运用油气储运科技创新成果，通过新建、改建、扩建与技术改造等形式，投资形成新的地面与储运设施，或扩大、完善原有地面与储运系统，目的在于提高油气输送量、储存量，降低资源消耗节省投资、运行费用，改善安全条件，治理生态环境等（如图 3-14 所示）。

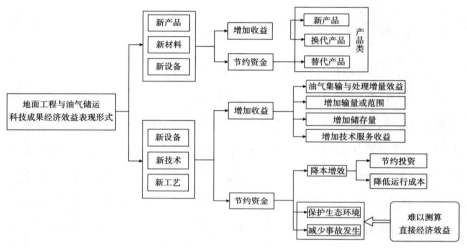

图 3-14　油气储运科技成果创造经济效益的形式

储运科技创新成果可以分为新产品、新材料、新设备和新技术、新工艺或新知识等，实际上新产品、新材料、新设备都属于新产品类。根据通用的"三新"科研项目的评价标准（见表 3-17），结合油气储运业务特点，油气储运领域"三新"的内涵如下。

新知识：获得科学与技术新知识。油气储运领域形成的新理论、新认识、新方法、新现象及规律。

新产品：采用新技术原理、新设计构思研制的新产品；结构、材质、工艺等方面比原有产品有明显改进，显著提高产品性能或扩大产品的使用功能。

新工艺：自主研发新工艺，在一定范围内首次应用；在工艺路线、加工方法等工艺流程某一方面或几个方面比原有工艺有明显改进，具有独特性、先进性及实用性。

新技术：在一定地域、时限和行业内有创新并具有竞争力的技术，包括首次发明创造的技术；在原有技术基础上创新发展的技术、技术性能有重大突破和显著进步的技术、对原有技术进行重大改进的技术。

表 3-17　通用的"三新"科研项目

"三新"类型	评价标准
新知识	获得科学与技术新知识
新产品	采用新技术原理、新设计构思研制的新产品
	在结构、材质、工艺等某一方面有所突破或较原产品有明显改进，从而显著提高了产品性能或扩大了使用功能
新工艺	在一定范围内属于首次应用
	在工艺线路、加工方法等工艺流程某一方面或几个方面比原有工艺有明显改进，具有独特性、先进性及实用性
新技术	在一定的地域、时限或行业内具有竞争力的技术，包括：首次发明创造的技术，在原有技术基础上创新发展的技术
	技术性能有重大突破或显著进步的技术；对原有技术进行重大改进的技术
"三新"项目负面清单	企业产品（服务）的常规性升级
	对某项科研成果的直接应用，如直接采用公开的新工艺、新材料、新装置、新产品、新服务或新知识等
	企业在商品化后为顾客提供的技术支持活动
	对现存产品、服务、技术、材料或工艺流程进行的重复或简单改变
	市场调查研究、效率调查或管理研究
	作为工业（服务）流程环节或常规的质量控制、测试分析、维修维护
	社会科学、艺术或人文学方面的研究

（三）油气储运科技成果创新创效过程与特征

1. 油气储运技术形成与商业化过程

技术创新是一个始于研究开发并需通过在市场应用中实现价值的过程，最终目的是技术的商业化运用以实现创效，即要求首次开发的技术成果在企业中顺利实现转化，为企业取得创新效益。技术形成与商业化过程如图 3-15 所示。完整的技术创新过程是技术成果形成、技术转化应用直至成功商业化的过程，大致可以划分为科学研究、技术转化、商业化三个阶段，具体创新过程按照时间先后的逻辑关系包括基础研究、应用研究、试验开发、中试、规模化生产和技术运营等环节。

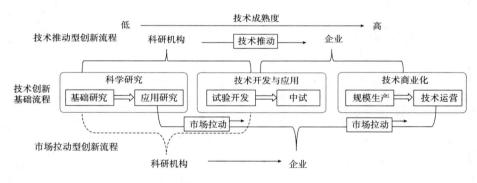

图 3-15　技术形成与商业化过程示意图

油气储运技术的形成与商业化过程与前述类似，也可以划分为科学研究、技术转化、商业化等阶段，另外，中国的油气储运技术也经历了从引进先进技术到消化吸收和掌握创新的发展过程。

2. 油气储运科技成果创新创效的特征

周期性：油气储运科技成果遵从技术的周期性特征，即遵循技术研发与价值形成—成果转化应用与商业价值体现—技术应用晚期与价值衰减的周期性特征。

依附性：油气储运科技成果属于无形资产，由于不具有实物形态，必须依附于有形资产才能获得收益。

协同性：油气储运科技成果创新创效的过程，是包括技术在内的各生产要素协同创效的过程，也是多个创新性技术协同共同创造经济价值的过程。

延迟性：油气储运科技成果创新创效具有滞后性，科技成果创造的经济价值是前期技术创新实践和持续科技投入的产物，并非完全是当期技术创新的结果。

多维性：油气储运科技成果创新创效体现的价值往往是多维的，例如可以表现为直接价值、间接价值、社会价值、环境价值、安全价值等，也可以根据评价的目的，体现为已经实现的价值和预期可实现的价值等。油气储运科技成果的直接经济价值也可根据适用范围划分为增量效益类、降本增效类、技术服务类、产品类等。

增值性：油气储运科技创新成果通过新技术、新工艺、新产品、新知识等在油气储运领域中的转化应用，实现油气储运设施使用价值的增值或费用的节约。

二、油气储运科技成果效益类型划分

（一）油气储运科技成果间接经济效益

测算油气领域的基础理论成果和管理决策成果的直接经济效益比较困难，油气储运领域的环保类和生产安全类科技成果也难以测算直接经济效益，这些科技成果以测算间接经济效益为主。

（二）油气储运科技成果直接经济效益

直接经济价值包括两大类：一是已经实现的经济价值；二是预期可能实现的经济效益。计算已实现的经济效益时采用历史实际数据，计算预期可能实现的经济效益时运用预测数据，且多数考虑了资金的时间价值，将未来的预期收益折算成现值相加。已实现的经济价值主要用于科技成果鉴定与报奖、科技成果转化创效奖励、科技绩效考核等服务；预期经济价值主要为科技成果的推广决策、科技成果的转让和市场交易等提供重要依据。本书主要考虑已经实现的经济价值。

根据油气储运科技成果所属的专业领域、转化应用产出的经济效益形式，科技成果分为增量效益类、降本增效类、技术服务类和产品类四大类，增量效益类按照油气储运产出效益的形式又可分为增加产能或处理能力类、增加输量或范围类、增加储存量类等。基于经济效益产出形式的地面工程与油气储运科技成果分类表见表 3-18。

表 3-18　基于经济效益产出形式的油气储运科技成果分类表

序号	科技成果分类		分　类　说　明	适用范围
1	增量类	增加输量或周转量	具有明确的技术创新点，并在研发、应用和转化过程中形成了新增油气输量或周转量、其他介质输量或周转量	油气管道，输送其他介质管道参照执行
		增加储存量或周转能力	具有明确的技术创新点，并在研发、应用和转化过程中形成了新增油气储存能力、周转能力或调峰能力等	地下储气库、LNG接收站、储油库，其他介质参照执行

序号	科技成果分类		分　类　说　明	适用范围
1	增量类	增加产能或处理能力	具有明确的技术创新点，并在研发、应用和转化过程中通过增加生产能力或处理能力取得了增量效益。如通过形成新的油气产品形态（凝析油、轻烃、LPG、LNG 等）或副产品（硫黄、氦气等）取得增量效益	油气田地面工程
2	降本类		应用科技创新成果对油气储运及地面工程领域现有流程、工艺、装备等进行改进或升级，达到减少投入、降低消耗、节能降耗、提高效率等目的	油气管道、地下储气库、LNG 接收站、储油库、油气田地面工程，其他介质参照执行
3	技术服务类		在油气储运及地面工程领域应用科技创新成果对外开展技术服务（包括技术许可，但不包括技术转让），创造了经济效益	油气管道、地下储气库、LNG 接收站、储油库、油气田地面工程，其他介质参照执行
4	产品类	新产品	应用新技术生产全新产品。新产品指与原有产品种类或功效不同，属行业内率先出现的新产品（新材料、新设备或新系统）	
		换代产品	应用新技术后所生产的产品性能指标或功能得到明显改进或提升，或同等性能条件下成本显著降低的产品（材料、设备或系统）	
		替代产品	应用科技成果生产性能相近或更好的产品（未对外销售）替代原外购产品（材料、设备或系统）	

第四章

油气储运科技成果经济价值
评估模型与参数

第一节　油气储运科技成果收益分成评估模型

一、模型构建思路

根据《科技成果经济价值评估指南》（GB/T39057—2020）"收益法"中关于"合理区分科技成果与其他资产所获得收益"等规定，结合油气储运科技成果经济价值评估目的，拟采用收益分成法。

根据国务院办公厅《关于完善科技成果评价机制的指导意见》（国办发〔2021〕26号），经济价值重点评价推广前景、预期效益、潜在风险等对经济和产业发展的影响。因此，科技成果收益分成评估模型既适用于计算已推广应用并取得直接经济效益的油气储运科技成果已经实现的经济价值，同时也适用于预测进一步推广后还可能产生直接经济效益的油气储运科技成果预期的经济价值。

二、评估模型构建原则

通用性原则按照《科技评估通则》（GB/T 40147—2021）规定的基本准则执行，主要包括独立、客观、公正、科学、专业、可信、务实、尽责、规范、尊重，评估活动的全过程以及相关各方都应遵循上述准则。此外，还应充分结合油气储运科技成果经济价值评估实际，在评估工作中遵循以下原则。

（1）先进性原则。充分借鉴国内外先进技术与发展趋势，评估模型尽可能与现有油气行业普遍采用的科技创新创效机制和相关管理体系相兼容。

（2）科学性原则。评估对象为油气储运科技创新成果，科技创新成果本身具有科学性；另外，在评估科技成果的经济价值时运用科学的评估方法，确保评估结果合理。

（3）系统性原则。将油气储运科技成果的研发、转化应用与油气储运生产过程作为一个整体，系统考虑科技成果的经济价值。

（4）公平性原则。评估过程要实事求是，采用科学的评估方法和科学的评估程序，公平、客观、合理地反映被评估科技成果的经济价值。

（5）实用性原则。结合油气储运实际，选取的评估方法和模型应尽量简便、实用、可操作，评估参数、数据方便易得，可从经济评价报告、财务报表等资料中很容易地获取。

（6）可比性原则。科技成果的经济价值评估应采用统一的方法和参数，评估口径和范围应尽量一致，确保不同科技成果的经济价值评估结果相互可比。

（7）收益分享原则。科技成果应用后取得的经济价值，是资本、劳动、技术和管理等生产要素协同作用的结果，是科研、推广和生产使用单位共同劳动和投资的结果，计算科技成果经济价值时要合理区分科技成果与其他生产要素、其他资产所获得的收益，也要避免同一收益在不同科技成果之间重复计算。

（8）分类评估原则。根据评估目的，基于油气储运科技成果所属的领域、经济价值表现形式，对其进行分类评估。对于综合性的油气储运科技成果，其经济价值体现在多个方面时，对每一方面经济效益分类计算，叠加汇总，计算出总的经济价值，对于经济价值表现形式不一致不能叠加的应分列并加以说明。

三、油气储运科技成果收益分成评估模型总体框架

油气储运科技成果经济效益分成以科技成果转化应用取得的总体经济效益为基础，借鉴要素分配、分享经济和收益分成等理论，通过对科技成果的生产要素、技术层级、技术创新贡献进行三次分成，确定科技成果的经济效益。根据科技成果经济效益收益分成法，科技成果的经济价值等于收益分成基数与该项科技成果的收益分成率的乘积。收益分成评估模型总体框架如下：

$$V=B \cdot K \qquad\qquad (4-1)$$

其中：

V——被评估科技成果的经济价值，单位为万元。

B——收益分成基数，单位为万元。

K——科技成果的收益分成率。

其中，收益分成基数指被评估科技成果转化应用取得的总体经济效益，可以用净利润、节约的投资或降低的运行成本等反映经济效益的相关指标表示。对于科技成果转化应用取得的总体经

济效益已有评估结果的，从评估结果中提取收益分成基数。对于科技成果转化应用取得的总体经济效益尚无评估结果的，收入、成本等基础数据从财务报表中提取。收益分成率由技术要素分成率、科技成果递进分成系数、创新强度系数等构成，具体为：

收益分成率 =（技术要素分成系数 × 技术层级分成系数 × 技术创新分成系数）×100%　　　　　　　　　（4-2）

其中，收益分成率通过以下方法确定。

（1）通过确定技术要素分成系数，从总体经济效益的四个生产要素（资本、管理、劳动、技术）中分割出技术要素的贡献（完成第一次分成）。科技成果转化应用后取得的总体经济效益，是资本、劳动、技术和管理等生产要素协同作用的结果，计算科技成果经济效益时要合理评估技术要素与其他生产要素所获得的收益。

（2）通过确定技术层级分成系数，从总体技术中分割出单一技术的贡献（完成第二次分成）。对于多专业技术协同创造经济效益的科技成果，按照油气储运专业学科分类，遵循业务活动决定技术需求的原则，以油气储运所涵盖的主体工程链、主体工程所涵盖的业务链、业务链所涵盖的作业链等为基础，分别构建一级、二级、三级技术级序，然后依据同层级不同技术的相对价值关系采用层次分析法（AHP）等确定技术级序的权重，技术要素内的单项技术贡献按照技术级序权重进行递进分割。

（3）通过确定技术创新分成系数，以表征本项成果在同类技术中创新部分的比重（完成第三次分成）。技术要素中创新性技术与常规技术的效益贡献按照技术创新分成系数进行分割，分成比例与技术进步和自身创新创效能力等密切相关。

四、油气储运科技成果收益分成评估模型及应用范围

（一）科技成果已实现的经济价值

科技成果已实现的经济价值适用于油气储运领域已推广应用并见效的科技成果价值评估，主要应用于成果鉴定和科技奖励申报中的油气储运科技成果经济价值评估。其评估模型如下：

$$V= \sum_{i=1}^{t}（R_i \times K）\qquad（4-3）$$

其中，V 为被评估科技成果的经济价值；K 为分成率；R_t 为第 t 年收益净值，表现为新增利润或节约资金额；n 为成果已经推广应用的年限，或根据评估要求以最近几个完整自然年度为推广应用年限。

本书主要考虑科技成果已实现的经济价值。

（二）科技成果预期经济价值

科技成果预期经济价值适用于油气储运领域科技成果（专利技术、专有技术等）市场交易作价需要考虑预期收益的情况，主要应用于参与市场交易的油气储运科技成果经济价值的评估。其基本原理与科技成果已实现的经济价值评估相同，预期经济价值需要考虑资金的时间价值，评估模型如下：

$$V= \sum_{i=1}^{t} \frac{K \cdot R_i}{（1+r）^i} \qquad（4-4）$$

其中，V 为被评估科技成果的经济价值；K 为分成率；R_t 为第 t 年收益净值，表现为新增利润或节约资金额；n 为收益年限；r 为折现率。

第二节　油气储运科技成果收益分成基数测算方法与参数

2006 年国家发展改革委、原建设部颁布实施《建设项目经济评价方法与参数》（第三版）（发改投资〔2006〕1325 号）。配合国家颁布的建设项目经济评价方法与参数，石油行业也颁布了《石油工业建设项目评价方法和参数》（第三版）。几大石油公司都编制发布了涵盖石油天然气全产业链的《投资项目经济评价方法》，并每年发布《投资项目经济评价参数》。各行业关于经济效益计算、经济评价方面的标准较多，这些行业标准规定了相应投资项目的经济评价标准化要求和方法。投资项目经济评价的标准规范是科技成果经济价值评估的基础，科技成果的经济价值基于投资项目经济评价或经济效益测算结果进行分成，因此，油气储运科技成果经济价值评估必须遵从投资项目的经济评价方法、参数和结果。如果没有经济评价结果的，需要填写相关基础数据，依据经济评价方法和参数规范进行测算。

一、油气储运项目总体经济效益

（一）油气长输管道

油气长输管道是指以油气田、炼油厂、油气进口港（接收站、边境点）或储（油）气库为起点输送到目的地的管道。油气管道按地域分为陆上管道和海底管道；按输送介质分为原油管道、成品油管道、天然气管道等。

新建油气管道项目作为承运方为托运方提供管道运输服务所取得的营业收入，应根据管输量和管道运输价格计算，营业收入计算公式如下：

年营业收入 = 年管输量或年管输周转总量 × 管道运输价格

$$（4-5）$$

油气管输周转总量 = ∑各分输点的油气周转量　　（4-6）

各分输点的油气周转量 = 油气分输量 × 进油气点至分输点的输送距离　　　　　　　　　　　　　　　　（4-7）

其中，管输量根据项目形成的管输能力和负荷率计算。管道运输价格一般有两种形式：按单位管输量收取费用形式，简称管输费；按单位周转量（输量与运距的乘积）收取费用形式，简称管道运价率。

新建原油、成品油管道运输价格：有核准运价的按核准运价执行，无核准运价的以项目能够获取基准收益率为目标进行测算。如果国家发展改革委颁发相关原油和成品油管道运输价格管理办法，则按规定执行。

天然气管道运输价格：跨省天然气管道运输价格根据国家发展改革委《天然气管道运输价格管理办法》确定。省内短途管道根据省级价格管理部门的规定执行，短途管道所在省无规定的，参照国家发展改革委相关规定执行（见表4-1）。

表4-1　跨省长输天然气管道运输价格表

天然气管道	主干管道管径（毫米）	管道运输价格	
		元 /（千立方米·千米）	元 / 立方米
陕京系统	1219/1016	0.2805	

续表

天然气管道	主干管道管径（毫米）	管道运输价格	
		元/（千立方米·千米）	元/立方米
西一线西段、西二线西段、涩宁兰	1219	0.1416	
西三线	1219	0.1202	
西一线东段、西二线东段、忠武线、长宁线	1219/1016/711	0.2386	
秦沈线、大沈线、哈沈线、中沧线	1016/711	0.4594	
中贵线、西二线广南支干线	1016	0.3890	
中缅线	1016	0.4035	
西南油气田周边管网	914/815/711		0.14
川气东送管道	1016	0.3824	
榆济线	711/610	0.4363	

资料来源：发展改革委关于调整天然气跨省管道运输价格的通知（发改价格〔2019〕561号）。

注：上述价格含9%增值税。

油气管道改扩建项目营业收入根据管输量和管道运输价格计算；部分连带天然气销售项目还包括由于天然气管网管输和下载实现的天然气转移得到的销售价差。计算公式如下：

增量收入 = 新增输油气量 × 管输价格　　　　　　（4-8）

如果还考虑天然气销售收入：

增量收入 = 新增气量 ×（销售价格 - 进气价）　　　（4-9）

增量经营成本包括管网新增经营成本、改扩建站场新增经营成本。为了便于计算和各项目计算口径一致，以管网实际的平均经营成本为基础，根据新增达产年周转量占管网上年度总周转量的比例测算项目需要新增的经营成本。计算公式如下：

管网新增经营成本 =（新增周转量 / 管网上年度总周转量）× 管网上年度总经营成本 　　　　　　　　　　　　（4-10）

（二）地下储气库

地下储气库是将长输管道输送来的天然气重新注入地下空间而形成的一种人工气田或气藏，是集季节调峰、事故应急供气、国家能源战略储备等功能于一体的能源基础性设施。储气库运作一般以年为周期，"冬春采气，夏秋注气"。地下储气库有四种类型：枯竭油气藏储气库、含水层储气库、盐穴储气库和废弃矿坑储气库。

地下储气库项目通过提供天然气存储服务取得的营业收入，应根据天然气调峰气量和储气费计算。如果中国石油规定了储气库的储气费标准，营业收入按照标准储气费计算，计算公式如下：

营业收入 = 调峰气量 × 储气费 + 副产品收入 　　　　（4-11）

其中，副产品收入主要是指天然气凝液、轻烃等回收的收入，根据权属确定是否作为项目的收入。

总成本费用指储气库项目在运营期内为注采生产所发生的全部费用。计算公式如下：

总成本费用 = 生产成本 + 期间费用 　　　　　　　　（4-12）

生产成本 = 运行成本 + 折旧 　　　　　　　　　　　（4-13）

期间费用 = 管理费用 + 财务费用 + 营业费用 　　　　（4-14）

运行成本 = 固定性成本 + 注气费用 + 采气费用 + 损耗（4-15）

固定性成本 = 人员费用 + 井下作业费 + 维护及修理费 + 监测费 + 厂矿管理费 　　　　　　　　　　　　　　　（4-16）

目前，国家实施的是综合门站价格管理，综合门站价格包含了储气费，储气费大多数还没有单独向用户收取。另外，国家对于储气服务价格已经放开，储气库业务的相关企业按照国家及中国石油的有关规定对外提供储气服务，储转费的收取标准及收取方式可以由经营储气库业务的相关企业按照市场化原则与用户协商确定，但这种方式目前在国内还非常少。对中国石油来讲，储气费实际上是中国石油的内部结算价格，由中国石油财务部制定。

（三）LNG 接收站

LNG 接收站是用来接收从液化工厂通过海上运输来的液化天然气，将其储存并气化为下游供气，可以满足区域供气要求、实现调峰功能。LNG 接收站一般包括常规陆上 LNG 接收站和浮式 LNG 接收站两种形式。LNG 接收站的总体经济效益与其商务模式和功能定位相结合，商务模式按收入实现方式分类可分为经营型和加工型。目前国内 LNG 接收站收益的实现模式主要采取的是收取"气化费"的方式（加工型）。

营业收入可根据气化量和气化费估算每年的营业收入，对于兼营部分 LNG 储存业务，营业收入中可包括这部分收入。营业收入计算公式为：

营业收入 = 气化量 × 气化费 +LNG（液态量）× 储转费

$$(4-17)$$

其中，气化量根据设计方案确定，该气化量是结合了气源供应及天然气市场需求而确定的。气化费如果有规定的按规定计取，没有规定的可按达到一定基准收益率时反算气化费。

目前加工型接收站是按照需求方的要求提供 LNG 的储存服务，收取储存和装卸费用，LNG 的量由需求方提供，其 LNG 装卸收费标准按相关行业规定执行。

生产成本 = 外购辅助材料 + 外购燃料动力 + 拖轮租赁费用 + 航道清淤费 + 海域使用费 + 人员费用 + 折旧费 + 修理费 + 其他制造费 （4-18）

按经营型测算效益，LNG 液态产品和气化后销售均按目标市场可接受价格测算效益，并按基准收益率反算可接受的 LNG 到岸价。销售价格可依据已签订的用户销售意向书或协议，或与目标市场终端可替代能源价格挂钩，按净回值法测算具有竞争力的价格。已核准的项目按核准的气化费计算。

（四）储油库

储油库是用来接收、储存、转运石油及石油产品的设施。战略储备油库是指以战略储备为主要目的而设置建设的原油或成品油库，长期固定储存原油或成品油，主要用于保障国家能源安全，很难计算直接经济效益。科技成果的经济效益可主要通过降本增效、技术服务等方式测算。商业储备油库具有双重功能，既作为流动库，又作为战略库。炼油厂的储油库（含原油储库和成品油库）是炼厂的附属储运设施，并不单独经营。成品油库作为销售企业成品油销售网络的重要节点，也不单独经营。

油库的营业收入是指从事油品销售经营活动和其他服务所取得的收入。油库按其性质可分为经营型油库和仓储型油库，经营型油库营业收入的计算应按油品销售量和销售价格计算，仓储型油库营业收入的计算按周转量和仓储费计算。营业收入计算公式如下：

经营型油库年营业收入 = $\sum$ 油品销售量 × 销售价格 （4-19）

仓储型油库年营业收入 = 油库年周转量 × 仓储费 （4-20）

国家储备库年营业收入 = 储备增加量 × 单位库容年仓储费 × 运行时间 （4-21）

（五）油气田地面工程

油田地面工程主体工程包括井场、油井计量、油气集输、油气分离、原油脱水、原油稳定、原油储运、天然气处理、注水等。气田地面建设主体工程包括井场、集气站、增压站、集气总站、集气管网、天然气净化装置、天然气凝液处理装置等。油气田地面配套工程包括：采出水处理、给排水及消防、供电、自动控制、通信、供热及暖通、总图运输和建筑结构、道路、生产维护和仓库、生产管理设施、环境保护、防洪防涝等。

油气开发建设项目经济评价在油藏工程方案、钻井工程方案、采油工程方案、地面工程方案确定的基础上，对拟建油气开发建设项目的财务可行性和经济合理性进行分析论证。营业收入计算公式如下：

营业收入 = 油气产量 × 油气商品率 × 油气销售价格 + 副产品收入　　　　　　　　　　　　　　　　　　　　（4-22）

油气田开发调整项目、老油气田地面调整改造工程、三次采油提高采收率项目、二次开发项目均属于改扩建项目。改扩建项目经济评价原则上采用"有无对比法"，也就是"有项目"与"无项目"进行对比，用增量效益与增量费用进行增量分析，根据增量指标进行投资决策。

使用某项技术增加装置处理量增量效益：

净利润 = 新增外输油气商品量 × 油气销售价格 + 新增副产品收入 - 完全成本 - 所得税　　　　　　　　　　（4-23）

将独立油气处理单元视为独立项目，最典型的代表为独立的天然气处理（净化）单元，可以通过增量法测算科技成果转化应用取得的总体经济效益。例如天然气深冷法轻烃回收联产氦气工艺，工艺流程如图4-1所示，深冷法产出油气商品与副产品见表4-2。净利润计算公式如下：

净利润＝营业收入－购油气成本－作业成本－期间费用－税金及附加－所得税　　　　　　　　　　　　　　　（4-24）

营业收入＝Σ油气产品销售量×油气产品销售价格＋Σ副产品销售量×副产品销售价格　　　　　　　　　　（4-25）

作业成本＝辅助材料＋燃料费＋动力＋人员费＋油气损耗费＋折旧费＋修理费＋其他运营费　　　　　　　　（4-26）

期间费用＝管理费用＋财务费用＋营业费用　　　　　（4-27）

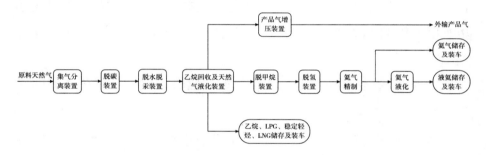

图4-1　天然气深冷法轻烃回收联产氦气典型工艺流程

表4-2　深冷法产出油气商品与副产品表

输　入	输　出	
原料天然气	外输合格产品天然气	
	石油液体产品	乙烷
		LPG
		稳定轻烃
	副产品	LNG
		氦气

二、油气储运科技成果收益分成基数

对于科技成果转化应用取得的总体经济效益已有评估结果的，从评估结果中提取收益分成基数。对于科技成果转化应用取得的总体经济效益尚无评估结果的，收入、成本等基础数据从财务报表中提取。油气储运科技成果收益分成基数计算方法见表4-3，油气储运科技成果收益分成基数计算模型及公式见表4-4，不同介质储库类科技成果分成基数计算公式见表4-5。

表4-3　油气储运科技成果收益分成基数计算方法

序号	科技成果分类		收益分成基数计算方法	备注
1	增量类	增加输量或周转量	新增收入扣除完全成本和所得税后的净利润	实际应用不低于2年
		增加储存量或周转能力	新增收入扣除完全成本和所得税后的净利润	实际应用不低于2年
		增加产能或处理能力	增加产能产生的增量效益为该成果应用区块/井组新增收入减去完全成本和所得税后的净利润乘以油气田地面工程一级技术分成系数。增加处理能力产生的增量效益为新增油气产品及其副产品的收入减去完全成本（含购油气成本）和所得税后的净利润	实际应用不低于2年
2	降本类		减少投入、降低消耗、节能降耗、提高效率等节约的投资或成本费用	实际应用不低于2年
3	技术服务类		通过运用科技创新成果开展技术服务取得的总收入扣除完全成本和所得税后的净利润	实际应用不低于2年

序号	科技成果分类		收益分成基数计算方法	备注
4	产品类	新产品	新产品（新材料、新设备或新系统）的销售收入扣除完全成本和所得税后的净利润	实际应用不低于2年；有效期不超过5年
		换代产品	换代产品（材料、设备或系统）在技术性能方面优越于老产品，引起价格或单位成本发生变化，或提高市场占有率，从而带来的增量净利润	实际应用不低于2年；有效期不超过5年
		替代产品	使用替代产品（材料、设备或系统）成本低于原外购产品价格为企业节约的费用	实际应用不低于2年；有效期不超过5年

科技成果收益分成基数计算注意事项：

（1）被评估科技成果转化应用达到或超过两年，并在评估期内仍在应用且产生效益，评估年限可根据评估结果的应用场景选择。

（2）科技成果转化应用的总体经济效益测算数据原则上采用实际发生值，从财务报表中提取，难以提取的可采用分摊的方式解决。

（3）收入、成本、价格均不含增值税。

（4）完全成本由生产成本、期间费用、税金及附加组成，期间费用由管理费用、财务费用和营业费用构成，税金及附加包括城建税、教育附加等。

（5）税费等参数参照国家相关规定计取。

表 4-4　油气储运科技成果收益分成基数计算公式

序号	科技成果分类		计算公式
1	增量效益	增加产能或处理能力（地面工程）	增加油气产能： 净利润 = ∑［应用新技术后油气产量 ×（单位油气价格 – 应用新技术后油气单位完全成本）– 应用新技术前油气产量 ×（单位油气价格 – 应用新技术前油气单位完全成本）– 所得税］ 增加处理能力： 净利润 = 营业收入 – 购油气成本 – 作业成本 – 期间费用 – 税金及附加 – 所得税 营业收入 = ∑油气产品销售量 × 油气产品销售价格 + ∑副产品销售量 × 副产品销售价格
		增加输量或范围（管道）	净利润 = ∑［新增输量 ×（管输单价 – 单位完全成本）– 所得税］ 净利润 = ∑［新增周转量总量 ×（周转量管输单价 – 单位完全成本）– 所得税］ 新增周转量总量 = ∑各分输点的周转量 各分输点的周转量 = 分输量 × 首站至分输点的输送距离
		增加储存量（储库）	商业储备库：净利润 =（储库年周转量 × 单位仓储费）+ 其他收入 – 储库完全成本 – 所得税 国家储备库：净利润 =（储备增加量 × 单位库容年仓储费 × 运行时间）+ 其他收入 – 储库完全成本 – 所得税
2	降本增效		投资节约 = 新技术实施前投资总额 – 新技术实施后投资总额 运行成本节约 = 新技术实施前运行成本 – 新技术实施后运行成本 – 税金及附加变动
3	技术服务		净利润 =（技术服务收入 – 技术服务成本）– 税金及附加 – 所得税 技术服务收入 = 技术服务工作量 × 单位价格 技术服务成本 = 技术服务工作量 × 单位成本

油气储运科技成果经济价值评估

序号	科技成果分类		计算公式
4	产品类	新产品	净利润 = 新产品销量 ×（新产品销售单价 – 新产品单位成本）– 税金及附加 – 所得税
		换代产品	增量净利润 =［换代产品销量 ×（换代产品销售单价 – 换代产品单位成本）– 原产品销量 ×（原产品销售单价 – 原产品单位成本）］– 税金及附加变动 – 所得税变动
		替代产品	成本节约 = 替代产品销量 ×（原产品销售单价 – 替代产品单位成本）– 税金及附加

表 4–5 不同介质储库类科技成果分成基数计算公式

序号	科技成果分类	计算公式
1	储气库	新建地下储气库： 净利润 = Σ［调峰气量 ×（单位储转费 – 储气库单位完全成本）– 所得税］ 净利润 = Σ［（工作气量 × 容量费费率 + 注气量 × 注气使用费费率 + 采气量 × 采气使用费费率）+ 其他收入 – 储气库完全成本 – 所得税］ 地下储气库扩容： 净利润 = Σ［应用新技术后调峰采气量 ×（单位储转费 – 应用新技术后单位完全成本）– 应用新技术前调峰采气量 ×（单位储转费 – 应用新技术前单位完全成本）– 所得税］
2	LNG 接收站	经营型 LNG 接收站： 净利润 = Σ［LNG 销售量 ×（销售价格 – 单位完全成本）– 所得税］ LNG 销售量 = 气化 LNG 销售量 + 液态 LNG 销售量 × 单位换算系数 加工型 LNG 接收站： 净利润 = Σ［（LNG 气化管输量 × 单位气化管输费）+（LNG 液态量 × 单位储转费）– LNG 接收站完全成本 – 所得税］

续表

序号	科技成果分类	计算公式
3	储油库	商业储备库： 净利润 = ∑［（储库年周转量 × 单位仓储费）+ 其他收入 – 储库完全成本 – 所得税］ 国家储备库： 净利润 = ∑［（储备增加量 × 单位库容年仓储费 × 运行时间）+ 其他收入 – 储库完全成本 – 所得税］
4	其他介质储库	净利润 = ∑［（储库年周转量 × 单位仓储费）+ 其他收入 – 储库完全成本 – 所得税］

（一）增量类

科技成果应用于油气储运及地面工程领域，并在研发、应用和转化过程中形成了新增输送、储存、处理或周转能力，取得了增量效益。

增量类科技成果的收益分成基数计算通用公式如下：

净利润 = ∑［应用新技术后处理量 ×（单位价格 – 应用新技术后单位完全成本）– 应用新技术前处理量 ×（单位价格 – 应用新技术前单位完全成本）–（实施新技术后的所得税 – 实施新技术前的所得税）］　　　　　（4–28）

1. 管道

科技成果应用于管道，通过增加输送量或周转量及其输送范围（输送其他介质）形成了增量效益。

当管道运输价格按单位管输量收取时，计算公式如下：

净利润 = ∑［新增管输量 ×（管输费 – 单位完全成本）– 所得税］　　　　　（4–29）

当管道运输价格按单位周转量收取时，计算公式如下：

净利润 = Σ［新增周转量总量 ×（管道运价率 – 单位周转量完全成本）– 所得税］ (4-30)

新增周转量总量 = Σ各分输点的周转量 (4-31)

各分输点的周转量 = 分输量 × 首站至分输点的输送距离 (4-32)

2. 地下储气库

科技成果应用于地下储气库，通过新增储气能力或调峰采气能力，产生了增量效益。地下储气库储存其他介质气体参照执行。

（1）新建地下储气库。

当储气库的收费模式为一部制时，计算公式如下：

净利润 = Σ［调峰采气量 × 储转费 + 其他收入 – 调峰采气量 × 单位完全成本 – 所得税］ (4-33)

其中，其他收入主要指储气库运行过程中的原油、天然气凝液、轻烃等产品回收的收入。

当收费模式为二部制时，计算公式如下：

净利润 = Σ［（工作气量 × 容量费费率 + 注气量 × 注气使用费费率 + 采气量 × 采气使用费费率）+ 其他收入 – 调峰采气量 × 单位完全成本 – 所得税］ (4-34)

其中，其他收入主要指储气库运行过程中的原油、天然气凝液、轻烃等产品回收的收入。

（2）地下储气库扩容。

当收费模式为一部制时，计算公式如下：

净利润 = Σ［应用新技术后调峰采气量 ×（储转费 – 应用新技术后单位完全成本）– 应用新技术前调峰采气量 ×（储转费 –

应用新技术前单位完全成本）–（实施新技术后的所得税 – 实施新技术前的所得税）]　　　　　　　　　　　　　　（4–35）

当收费模式为二部制时，计算公式如下：

净利润 = Σ［（应用新技术后工作气量 × 容量费费率 + 应用新技术后注气量 × 注气使用费费率 + 应用新技术后采气量 × 采气使用费费率 – 应用新技术后调峰采气量 × 单位完全成本）–（应用新技术前工作气量 × 容量费费率 + 应用新技术前注气量 × 注气使用费费率 + 应用新技术前采气量 × 采气使用费费率 – 应用新技术前调峰采气量 × 单位完全成本）–（实施新技术后的所得税 – 实施新技术前的所得税）]　　　　　　　　　　　　　　（4–36）

3. LNG 接收站

科技成果应用于 LNG 接收站，形成了新增 LNG 储存能力、气化能力或液相外输能力，产生了增量效益。

（1）经营型 LNG 接收站。

经营型 LNG 接收站指 LNG 接收站运营企业参与 LNG 资源的采购和销售。对于经营型 LNG 接收站，计算公式如下：

净利润 = Σ［气化 LNG 销售量 × 天然气销售价格 + 液态 LNG 销售量 × 液态 LNG 销售价格 + 其他收入 –LNG 销售量 × 单位完全成本 – 所得税］　　　　　　　　　　　　　　（4–37）

LNG 销售量 = 气化 LNG 销售量 + 液态 LNG 销售量 × 单位换算系数　　　　　　　　　　　　　　（4–38）

其中，其他收入主要指 LNG 冷能利用等取得的收入。

（2）加工型 LNG 接收站。

加工型 LNG 接收站指 LNG 接收站运营企业不参与资源的采购和销售，只向客户提供接卸、储存、气化、装车等服务。对于加工型 LNG 接收站，计算公式如下：

净利润 = Σ［LNG 气化量 × 气化费 +LNG 液态量 × 储转费 + 其他收入 –（LNG 气化量 +LNG 液态量 × 单位换算系数）× 单位完全成本 – 所得税］　　　　　　　　　　（4–39）

其中，其他收入主要指 LNG 冷能利用等取得的收入。

4. 储油库

储油库一般都纳入炼化项目一体化建设和管理，也有部分成品油库与加油站网络、成品油管道同步规划和建设，属于成品油管道、加油站的枢纽库或周转油库。本指南储油库主要指战略储备油库和其他独立油库（含原油、成品油、LPG 储库等）。科技成果应用于储油库，形成了新增原油或成品油及其附属产品的储存能力或周转能力，产生了增量效益。其他液态介质储库参照执行。

（1）仓储型商业储备库。

仓储型商业储备库是指不以经营为目的，仅完成接收、储存和发送原油和成品油等的油库。对于仓储型商业储备库，计算公式如下：

净利润 = Σ［（储库年周转量 × 单位仓储费）+ 其他收入 – 储库年周转量 × 单位周转量完全成本 – 所得税］　　　　（4–40）

其中，其他收入主要指储库运行过程中的补贴收入和其他服务所取得的收入等。

（2）经营型商业储备库。

经营型商业储备库是指以销售原油或成品油等为目的，经营原油或成品油批发业务的油库。对于经营型商业储备库，计算公式如下：

净利润 = Σ（油品销售量 × 销售价格）+ 其他收入 –（油品总销售量 × 吨油单位完全成本）– 所得税　　　　（4–41）

其中，其他收入主要指储库运行过程中的补贴收入和其他服务所取得的收入等。

混合型油库（仓储和经营两种功能兼有）则按上述公式分别计算，然后汇总形成收益分成基数。

（3）国家储备库。

对于国家储备库，计算公式如下：

净利润 = Σ［（储备增加量 × 单位库容年仓储费 × 运行时间 / 365）+ 其他收入 – 完全成本 – 所得税］　　　　（4–42）

5. 油气田地面工程

油气田地面工程通常作为油气开发产能建设项目的系统配套，主要考虑作为独立系统能产生增量效益的油气田地面工程。

（1）增加油气产能。

应用科技创新成果，通过新建、改建、扩建与技术改造等形式，投资形成新的油气田地面系统，或扩大、完善原有地面系统，增加了油气产能或产量，形成了增量效益。

计算公式如下：

净利润 = a × Σ［应用新技术后油气产量 ×（单位油气价格 – 应用新技术后油气单位完全成本）– 应用新技术前油气产量 ×（单位油气价格 – 应用新技术前油气单位完全成本）–（实施新技术后的所得税 – 实施新技术前的所得税）］　　　　（4–43）

其中，系数 a 为地面工程技术的一级技术分成系数。

（2）增加处理能力。

科技成果应用于独立油气田地面工程油气处理单元，通过形成新的油气产品形态（凝析油、轻烃、LPG、LNG 等）或副产品（硫黄、氦气等）取得了增量效益。

作为独立系统增加处理能力类的油气田地面工程科技成果收益分成基数计算公式如下：

净利润 = ∑［（油气产品销售量 × 油气产品销售价格）+（副产品销售量 × 副产品销售价格）– 完全成本 – 所得税］　（4–44）

（二）降本类

应用科技创新成果对油气储运及地面工程领域已有的流程、工艺、装备等进行改进或升级，达到减少投入、降低消耗、节能降耗、提高效率等目的，取得的经济效益主要表现为节约投资或降低运行成本。

1. 节约投资

计算公式如下：

投资节约 = ∑（新技术实施前投资总额 – 新技术实施后投资总额）
　（4–45）

2. 降低运行成本

计算公式如下：

运行成本降低 = ∑（新技术实施前运行成本 – 新技术实施后运行成本）　（4–46）

（三）技术服务类

在油气储运及地面工程领域应用科技创新成果对外开展技术服务（包括技术许可，但不包括技术转让），创造了经济效益。

1. 技术服务

计算公式如下：

净利润 = Σ（技术服务收入 – 技术服务完全成本 – 所得税）

（4–47）

技术服务收入 = 技术服务工作量 × 单位价格 （4–48）

技术服务成本 = 技术服务工作量 × 单位成本 （4–49）

2. 技术许可

当技术服务完全以技术许可表现时，技术许可净利润为技术转让合同收入扣除完全成本费用（研发费用、成果转化费用、维护或维权费用、税金及附加）和所得税。

计算公式如下：

净利润 = Σ（技术许可合同收入 – 研发费用 – 维护维权费用 – 成果转化费用 – 所得税）

（4–50）

（四）产品类

应用创新科技成果和新技术，在油气储运及地面工程领域形成了新产品、换代产品或替代产品，带来了净利润的增加或购置成本的节约。

1. 新产品

新产品指与原有产品种类或功效不同，属行业内率先出现的新产品（含新材料、新设备或新系统等）。

计算公式如下：

净利润 = Σ［新产品销量 ×（新产品销售单价 – 新产品单位完全成本）– 所得税］

（4–51）

2. 换代产品

应用新技术后所生产的产品性能指标或功能得到明显改进或提升，或同等性能条件下成本显著降低的产品（含材料、设备或系统等）。换代产品在技术性能方面优越于老产品，引起价格或单位成本发生变化，或提高市场占有率，从而带来增量净利润。

计算公式如下：

增量净利润 = Σ {［换代产品销量 ×（换代产品销售单价 – 换代产品单位完全成本）– 原产品销量 ×（原产品销售单价 – 原产品单位完全成本）］–（换代产品的所得税 – 原产品的所得税）}

（4–52）

3. 替代产品

应用科技创新成果生产性能相近或更好的产品（未对外销售）替代原外购产品（含材料、设备或系统等），经济效益表现为使用替代产品成本低于原外购产品价格为企业节约的费用。

计算公式如下：

成本节约 = Σ［替代产品产量 ×（原产品购进单价 – 替代产品单位成本）］

（4–53）

同类外购产品降价时，应采用新价格进行计算。

第三节　油气储运科技成果分成率测算方法及取值

一、油气储运科技成果分成率

科技成果的收益分成率 K 的计算公式为：

$$K = (K_T \cdot K_L \cdot K_Q) \times 100\%$$

（4–54）

其中：

K_T——技术要素分成系数，为第一次分成时分割出的技术要素贡献占总体经济效益的比例；

K_L——技术层级分成系数，为第二次分成时分割出的被评估科技成果所涵盖技术层级的贡献比例；

K_Q——技术创新分成系数，为第三次分成时分割出的被评估科技成果创新的贡献比例。

对于油气储运综合性科技成果，通常是多专业、多项技术协同创造效益，如增加油气输量、增加储油量、增加储气库工作气量等，收益分成率为技术要素分成系数、技术层级分成系数、技术创新分成系数三者的乘积。

对于其他增效类油气储运科技成果，通常是单一专业、单项技术主导产生效益，如全新产品、升级换代、替代进口、降本增效类等，技术层级分成系数通常为1。收益分成率为技术要素分成系数、技术创新分成系数两者的乘积。

二、技术要素分成系数的确定

（一）技术要素分成系数的测算方法

在传统的资本、劳动、技术和管理四个生产要素中（如图 4-2 所示），考虑不同类型油气储运科技成果对技术的依赖程度，合理确定技术要素贡献的占比。其值与油气储运科技成果所属产业结构、科技成果类型、应用领域等相关。计算公式如下：

$$K_1 = \frac{CTRB_T}{CTRB_K + CTRB_L + CTRB_T + CTRB_M} \qquad (4\text{--}55)$$

其中，$CTRB_K$ 为资本的贡献；$CTRB_L$ 为劳动的贡献；$CTRB_T$ 为技术的贡献；$CTRB_M$ 为管理的贡献。

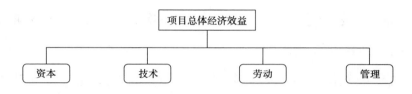

图 4-2　各生产要素对项目总体经济效益的贡献构成

（二）技术要素分成系数取值建议

对于油气储运综合性成果，技术要素分成系数 K_1 的上下限建议不低于四要素平均值 0.25，不超过三分法下的高科技行业 0.50。

对于单项技术为主的科技成果，技术要素分成系数上限可适当增加 0.10 ~ 0.20。

因此，取值建议如下：

综合技术：$0.25 \leqslant K_1 \leqslant 0.50$；

单项技术：$0.25 \leqslant K_1 \leqslant 0.70$。

不同效益产出形式油气储运科技成果对应的技术要素分成系数建议见表 4-6。管道科技成果技术要素分成系数见表 4-7，储库科技成果技术要素分成系数见表 4-8，油气田地面工程科技成果技术要素分成系数见表 4-9。

表 4-6 油气储运科技成果技术要素分成系数建议

序号	效益类型		技术要素分成系数	适用范围	备 注
1	增量类	增加输量或周转量	0.30 ~ 0.40	油气管道，其他介质管道输送	综合性技术为主，其他介质参照执行
		增加储存量或周转能力	0.30 ~ 0.40	地下储气库、LNG 接收站、储油库，其他介质储库	综合性技术为主，其他介质参照执行
		增加产能或处理能力	0.30 ~ 0.45	油气田地面工程	综合性技术为主，技术要素分成系数参考油气勘探开发操作指南取值
2	降本类		0.50	油气田地面工程、油气管道、地下储气库、LNG 接收站、储油库	单项技术为主，其他介质参照执行
3	技术服务类		0.50	油气田地面工程、油气管道、地下储气库、LNG 接收站、储油库	单项技术为主，其他介质参照执行
4	产品类	新产品	0.70	油气田地面工程、油气管道、地下储气库、LNG 接收站、储油库	单项技术为主，其他介质参照执行
		换代产品	0.60	油气田地面工程、油气管道、地下储气库、LNG 接收站、储油库	单项技术为主，其他介质参照执行
		替代产品	0.70	油气田地面工程、油气管道、地下储气库、LNG 接收站、储油库	单项技术为主，其他介质参照执行

表 4-7 管道技术要素分成系数

应用领域	技术要素分成系数
陆上油气管道系统	0.30
海上油气管道系统	0.35
其他介质输送管道系统	0.40

表 4-8　储库技术要素分成系数

应用领域			技术要素分成系数
储气库	油气藏地下储气库	新建储气库	0.35
		储气库扩容	0.40
	盐穴地下储气库	新建储气库	0.35
		储气库扩容	0.40
LNG 接收站	岸上 LNG 接收站		0.35
	FSRU（海上浮动存储和再气化装置）		0.40
储油库	地面、半地面等储罐油库		0.30
	海上油库		0.35
	盐穴溶腔油库		0.40
	地下水封洞油库		0.40
其他介质储库	地面、半地面储罐		0.30
	地下储库		0.40

表 4-9　油气田地面工程技术要素分成系数

应用领域		技术要素分成系数
常规油气藏	新区开发	0.30
	老区开发	0.30
稠油油气藏	新区开发	0.40
	老区开发	0.35
高含硫油气藏	新区开发	0.40
	老区开发	0.35
页岩油气藏	新区开发	0.45
	老区开发	0.35
致密油气藏	新区开发	0.45
	老区开发	0.35

来源：《油气勘探开发科技成果经济效益评估操作指南（试行）》（增储增产）（中国石油天然气集团有限公司科技管理部，科技〔2021〕10 号）。

三、技术层级分成系数的确定

（一）技术层级分成系数确定方法

首先需要根据技术领域、技术方向等划分技术单元，建立技术谱系。然后根据技术单元在技术领域中的相对地位、重要性、研发难度、复杂程度等，采用层次分析法（AHP）确定权重，该权重就称为该技术单元的"技术层级分成系数"。运用技术层级分成系数可以描述不同技术单元之间的相对价值关系。技术层级分成系数可以按照技术组成的层次存在多次分成系数，比如 1 次分成系数，2 次分成系数等，相同技术层次同一技术领域的"技术层级分成系数"之和等于 1（如图 4-3 所示）。

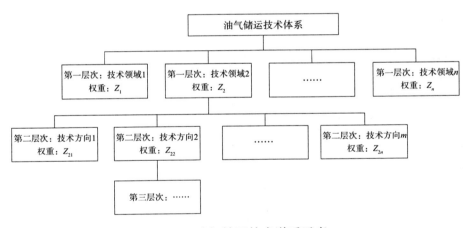

图 4-3　油气储运技术谱系示意

油气储运科技成果技术级序及技术层级分成系数的关系如图 4-4 所示。当科技成果应用于油气储运领域仅为被评估科技成果的贡献，则技术层级分成系数为 1。

技术层级分成系数计算公式如下：

$$K_{L}= \sum \left(D_{i} \times D_{ij} \times D_{ijk} \right) \quad （4\text{-}56）$$

$$\sum_{j=1}^{m} D_{ij}=1 \quad （i=1, 2, \cdots, n） \quad （4\text{-}57）$$

$$\sum_{k=1}^{w} D_{ijk}=1 \quad （i=1, 2, \cdots, n; j=1, 2, \cdots, m） \quad （4\text{-}58）$$

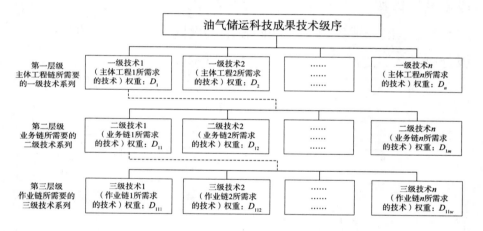

图4-4　油气储运科技成果技术级序示意图

（二）技术要素分成系数取值建议

油气储运科技成果技术层级分成系数见表4-14。对增量类科技成果根据专业领域细化技术层级分成系数，油气管道、油气藏地下储气库、盐穴地下储气库、LNG接收站、储罐类油库、地下水封洞油库、油田地面工程、气田地面工程技术层级分成系数分别见表4-10至表4-18。

表 4-10 油气储运科技成果技术层级分成系数

序号	效益类型		技术层级分成系数	备 注
1	增量类	增加输量或周转量	＜1	见油气管道技术层级分成系数表
		＜1		见油气藏储气库、盐穴储气库、LNG接收站、储罐类油库、地下水封洞油库等技术层级分成系数表
		＜1		见油田地面工程、气田地面工程技术层级分成系数表
2	降本类		1	降本的收益仅为被评估科技成果的贡献
3	技术服务类		1	技术服务的收益仅为被评估科技成果的贡献
4	产品类	新产品	1	新产品的收益仅为被评估科技成果的贡献
		换代产品	1	换代产品的收益仅为被评估科技成果的贡献
		替代产品	1	替代产品的收益仅为被评估科技成果的贡献

表4-11 油气管道技术层级分成系数

技术名称与技术层级分成系数

技术级别 一级（D_i）	二级（D_{ij}）	三级（略）
工程勘察与设计 0.20	工程测量与勘察 0.30	
	管道水力计算与流动保障 0.40	
	管道设计 0.30	
管道线路 0.20	线路选择 0.10	
	管道敷设 0.10	
	管道穿（跨）越 0.40	
	管道及管道附件 0.20	
	管道焊接与检验 0.20	
管道场站 0.15	输油气管道场站、清管站 0.40	
	油气处理 0.30	
	油气计量 0.30	
工艺及设备 0.15	油气输送工艺 0.40	
	压缩机及其辅助设备（输油泵） 0.30	
	施工设备 0.30	
自控与信息 0.10	仪表与自动控制 0.40	
	通信与信息化 0.30	
	输油气管道监控 0.30	
生产运行 0.10	模拟仿真与运行优化 0.40	
	油气管道运行调配 0.30	
	管道监测 0.30	
运行与维护 0.10	管道检测与评价 0.30	
	防腐与保温 0.20	
	管道抢维修 0.20	
	管道完整性管理 0.30	

表4-12　油气藏地下储气库技术层级分成系数

技术级别	技术名称与技术层级分成系数																	
一级（D_i）	地质与气藏工程 0.30				钻采工程 0.20			地面工程 0.20				运行优化 0.20			完整性管理 0.10			
二级（D_{ij}）	建库选址评价	建库方案设计	建库气藏评价	建库监测评价	老井评价与处理	钻完井工程	注采工程	注气系统	采、集气及天然气处理系统	外输与计量	仪表及自动控制	模拟仿真与运行优化	储气库运行调配	运行监测	地质体完整性检测	井筒完整性检测	地面设施完整性检测	完整性评价
	0.25	0.25	0.30	0.20	0.30	0.50	0.20	0.30	0.30	0.20	0.20	0.40	0.30	0.30	0.40	0.20	0.20	0.20
三级（略）																		

油气储运科技成果经济价值评估

表4-13 盐穴地下储气库技术层级分成系数

技术级别	一级（D_i）	二级（D_{ij}）	三级（略）
建库选址评价与设计 0.25		建库地质评价 0.30	
		造腔方案设计 0.30	
		溶腔稳定性评价 0.40	
钻采工程 0.20		钻完井工程 0.50	
		注采工程 0.20	
		注气排卤 0.30	
造腔工程 0.25		老腔改造 0.30	
		造腔模拟预测 0.40	
		造腔检测与过程控制 0.30	
地面工程 0.10		造腔采卤地面系统 0.30	
		注采气地面系统 0.30	
		天然气处理 0.20	
		外输与计量 0.10	
		仪表及自动化 0.10	
运行优化 0.10		模拟仿真与运行优化 0.40	
		储气库运行调配 0.30	
		运行监测 0.30	
完整性管理 0.10		盐腔完整性检测 0.40	
		井筒完整性检测 0.20	
		地面设施完整性检测 0.20	
		完整性评价 0.20	

表4-14 LNG接收站技术层级分成系数

技术级别	一级 (D_i)	分成系数	二级 (D_ij)	分成系数
技术名称与技术层级分成系数	站址选择与工程设计	0.10	站址选择	0.20
			工程测量与勘察	0.30
			LNG接收站工艺设计	0.50
	码头与LNG装卸	0.15	防波堤及码头施工	0.20
			船岸连接	0.20
			LNG装卸	0.30
			LNG装卸管道系统布置与水力分析	0.30
	LNG储罐	0.20	LNG储罐工艺系统	0.30
			LNG储罐结构与材料	0.50
			检验与试验	0.10
			干燥、置换和冷却	0.10
	BOG回收与处理	0.15	BOG回收方案与系统	0.40
			BOG主要设备和材料	0.40
			BOG配套设施	0.20
	LNG液态输送	0.15	LNG液态输送管道	0.50
			LNG增压系统	0.30
			LNG槽车装车系统	0.20
	LNG气化外输	0.15	LNG气化	0.30
			轻烃回收	0.10
			LNG冷能利用	0.30
			外输管道与计量	0.20
			仪表与自动控制	0.10
	运行与维护	0.10	运行优化与调配	0.30
			腐蚀与防护	0.20
			装置抢修	0.20
			完整性管理	0.30
三级 (略)				

表4-15　储罐类油库技术层级分成系数

技术级别	技术名称与技术层级分成系数																
一级（D_i）	库址选择与工程设计 0.20			油品传输与装卸 0.20					储罐及其配套设施 0.30			运行优化 0.10			安全防护 0.20			
二级（D_{ij}）	库址选择	工程测量与勘察	建库方案设计	工艺及热力管道	油品装卸系统	油气回收与含油污水处理	计量与检测	仪表及自动化	储罐及其附件	防火堤	输油泵及泵站	模拟仿真与运行优化	油库运行调配	运行监测	密封性检测与渗漏控制	安全监测与评价	腐蚀与防护	完整性管理
	0.30	0.20	0.50	0.20	0.40	0.20	0.10	0.10	0.50	0.20	0.30	0.40	0.30	0.30	0.30	0.30	0.20	0.20
三级（略）																		

表 4-16 地下水封洞库技术层级分成系数

技术名称与技术层级分成系数

技术级别	一级（D_i）	二级（D_{ij}）	分成系数
	库址选择与工程设计 0.30	建库选址评价	0.40
		工程测量与勘察	0.20
		建库方案设计	0.40
	地面及储运设施 0.30	油品装卸系统	0.20
		油气回收与污水处理	0.20
		计量与检测	0.20
		连接管道系统	0.20
		洞罐及潜油泵、潜水泵等	0.20
	地下工程 0.20	储油洞室	0.30
		施工巷道	0.20
		水幕系统	0.30
		地下工程施工技术	0.20
	运行优化 0.10	模拟仿真与运行优化	0.40
		油库运行调配	0.30
		运行监测	0.30
	安全防护 0.10	密封性检测	0.30
		地下工程安全监测	0.30
		腐蚀与防护	0.20
		完整性管理	0.20
三级（略）			

表4-17 油田地面工程技术层级分成系数

技术名称与技术层级分成系数

技术级别	工程勘察与设计		原油集输					油气处理与计量				污水处理			原油储运		运行与维护			
一级 (D_i)	0.20		0.30					0.20				0.10			0.10		0.10			
二级 (D_{ij})	地面工程设计 0.60	工程测量与勘察 0.40	集输管道 0.30	集输场站 0.20	集输管道施工 0.20	管材与配件 0.10	信息化智能化 0.20	油气分离 0.25	原油脱水 0.25	原油稳定 0.30	油气水计量 0.20	采出水处理 0.40	采出水回注 0.30	污水处理 0.30	原油储罐 0.60	输油泵 0.40	检测与评价 0.30	防腐蚀与保温 0.20	抢维修 0.20	地面工程完整性管理 0.30
三级	（略）																			

表4-18　气田地面工程技术层级分成系数

技术级别	工程勘察与设计 0.20		天然气集输 0.40					天然气处理与计量 0.20			污水处理 0.10			运行与维护 0.10			
一级（D_i）																	
二级（D_{ij}）	工程测量与勘察	地面工程设计	集输管道	集输场站	集输管道施工	管材与配件	信息化智能化	天然气净化	轻烃回收	天然气分析测试与计量	气田水处理	采出水回注	污水处理	检测与评价	防腐蚀与保温	抢维修	地面工程完整性管理
	0.40	0.60	0.30	0.20	0.20	0.10	0.20	0.40	0.40	0.20	0.40	0.30	0.30	0.20	0.30	0.20	0.30
三级（略）																	

四、技术创新分成系数的确定

（一）定量评价法

从技术创新质量（完全自主创新、部分自主创新、集成创新、集成应用）、技术先进性（科技成果鉴定：国际领先、国际先进、国内领先、国内先进等）、技术成熟度（非常成熟——已实现规模生产或实际应用、成熟——已实际生产或初步应用、基本成熟——能够进行实际生产或应用）等维度构建油气储运科技成果创新强度评价指标体系。

从技术创新质量、技术先进性、技术成熟度等维度构建油气勘探开发科技成果创新强度评价指标见表 4-19，取值建议见表 4-20。创新强度系数计算公式如下：

$$K_3 = （TI+TS+TM）/3 \qquad （4-59）$$

其中：

TI——创新质量系数；

TS——技术先进性系数；

TM——技术成熟度系数。

表 4-19　创新强度评价指标表

评价指标	评价标准			
创新质量（TI）	完全自主创新（TI_1）	部分自主创新（TI_2）	集成创新（TI_3）	集成应用（TI_4）
技术先进性（TS）	国际领先（TS_1）	国际先进（TS_2）	国内领先（TS_3）	国内先进（TS_4）
技术成熟度（TM）	非常成熟——已实现规模生产或实际应用（TM_1）	成熟——已实际生产或初步应用（TM_2）	基本成熟——能够进行实际生产或应用（TM_3）	

表 4-20　创新强度系数计算参数取值建议表

评价指标	评价标准			
创新质量 （ *TI* ）	完全自主创新	部分自主创新	集成创新	集成应用
	1	0.9	0.8	0.7
技术先 进性 （ *TS* ）	国际领先	国际先进	国内领先	国内先进
	1	0.9	0.8	0.7
技术成 熟度 （ *TM* ）	非常成熟—— 已实现规模生产 或实际应用	成熟—— 已实际生产或 初步应用	基本成熟—— 能够进行实际生 产或应用	
	1	0.9	0.8	

（二）专家打分法

采用专家评分法，对科技成果的技术创新性、技术指标先进程度、技术复杂度与难度、技术成熟与完备程度进行评分，所有项的分值累加即为技术创新分成系数取值。对于科技成果已有专家鉴定结果的，指标评分按照专家鉴定结果和权重进行折算，没有专家鉴定结果的，需要组织专家进行评分。技术创新分成系数的专家评分表见表 4-21 和表 4-22。

表 4-21　科技进步奖评分指标示例

评价指标及权重	评价标准	评分（ *X* ）
技术创新程度（25%） 该项目在技术开发中解决关键技术难题并取得技术突破，掌握核心技术并进行集成创新的程度，自主创新技术在总体技术中的比重	在关键技术或者系统集成上有重大创新	$9 \leqslant X \leqslant 10$
	在关键技术或者系统集成上有较大创新	$7 \leqslant X < 9$
	在关键技术或者系统集成上有创新	$X < 7$

续表

评价指标及权重	评价标准	评分（X）
技术指标的先进程度（15%）指与国内外最先进技术相比，其总体技术水平，主要技术（性能、性状、工艺参数等），经济（投入产出比、性能价格比、成本、规模等）、环境、生态等指标所处的位置	达到同类技术或产品的领先水平	$9 \leqslant X \leqslant 10$
	达到同类技术或产品先进水平	$7 \leqslant X < 9$
	达到同类技术或产品水平	$X << 7$
技术难度（10%）指技术实现对理论、模型、算法及其他技术的依赖程度，以及与现有技术相比较的超越程度	技术难度大	$9 \leqslant X \leqslant 10$
	技术难度较大	$7 \leqslant X < 9$
	技术获得与技术开发有难度	$X < 7$
技术成熟完备性（10%）指该项技术已经形成生产能力或达到实际应用的程度，包括技术的稳定、可靠性等	非常成熟、完备，已实现规模生产或实际应用	$9 \leqslant X \leqslant 10$
	成熟、完备，已实际生产或初步应用	$7 \leqslant X < 9$
	技术基本成熟，能够进行实际生产或应用	$X < 7$
经济或社会效益（25%）指实现技术创新的市场价值或者社会价值，为油气企业生产经营做出的贡献	创造了重大的经济或社会效益	$9 \leqslant X \leqslant 10$
	创造了较大的经济或社会效益	$7 \leqslant X < 9$
	创造了明显的经济或社会效益	$X < 7$
技术创新对推动科技进步和提高市场竞争能力的作用（15%）指自主研发的关键技术对解决行业、企业发展的热点、难点和关键问题，推动产业结构调整和优化升级，提升整体技术水平，提高油气企业和相关行业竞争力，实现技术进步的作用	实现技术的跨越式发展，显著促进行业科技进步；市场需求度高，竞争力强	$9 \leqslant X \leqslant 10$
	技术水平明显提高，推动行业科技进步作用明显；市场需求度较高，竞争力较强	$7 \leqslant X < 9$
	技术水平有所提高，对行业作用一般；有一定市场需求与竞争能力	$X < 7$

表 4-22　科技成果技术创新分成系数的专家评分表

评价指标	评价标准	评分
技术创新程度	在关键技术或者系统集成上有重大创新：0.36～0.40	
	在关键技术或者系统集成上有较大创新：0.28～0.36	
	在关键技术或者系统集成上有创新：< 0.28	
技术指标 先进程度	达到同类技术或产品的领先水平：0.23～0.25	
	达到同类技术或产品先进水平：0.18～0.23	
	达到同类技术或产品一般水平：< 0.18	
技术复杂度与 难度	技术复杂度高、难度大：0.14～0.15	
	技术复杂度较高、难度较大：0.11～0.14	
	技术获得与技术开发有难度：< 0.11	
技术成熟与 完备程度	技术非常成熟、完备，已经实现规模化工业应用： 0.18～0.20	
	技术比较成熟、完备，已经初步成功实现工业应用： 0.14～0.18	
	技术基本成熟，能够进行工业化应用：< 0.14	
技术创新分成系数		

第四节　油气储运科技成果经济价值
评估其他参数取值

一、评估基准日

（一）评估基准日的内涵

确定评估对象某一特定时点（或时段）的经济价值，这个时间点就是评估基准日，一般要精确到某年某月某日。

（二）评估基准日的选取

基准日选择的原则：基准日与评估工作时间一般不大于半年时间；基准日原则上应选在年底；基准日的选择应考虑方便测算数据资料的收集等。

二、评估年限

对于已实现的经济价值，被评估科技成果实际应用不低于2年，产品类（包括新产品、换代产品、替代产品）的有效期不超过5年，因此，评估年限至少2年，中国石油科技奖励报奖中要求计算近2个完整自然年度的经济效益。也可以是从推广应用到评估基准日为止的已应用的年限，或参考国家科技奖励相关要求，以最近3个完整自然年度为评估年限。

对于参与市场交易的油气储运科技成果经济价值，评估年限从评估基准日期到预期收益年限（或技术经济寿命期）。

三、折现率

（一）折现率的内涵

对于参与市场交易需要考虑预期收益的油气储运科技成果经济价值评估还需要考虑折现率。折现率（Discount Rate）是指将未来有限期预期收益折算成现值的比率。折现率是特定条件下的收益率，说明资产取得该项收益的收益率水平。在收益一定的情况下，收益率越高，意味着单位资产增值率高，所有者拥有资产价值就低，因此收益率越高，资产评估值就越低。

（二）折现率的测算方法

1. 累加法

折现率 = 无风险利润率 + 风险利润率 + 通货膨胀率　　（4-60）

风险报酬率 = 行业风险 + 经营风险 + 财务风险　　（4-61）

2. 市场比较法

选取与评估对象相同类型或者相近行业或相似规模的案例，求出它们各自的风险报酬率或折现率。

3. 社会平均收益率法

折现率 = 无风险报酬率 +（社会平均资产收益率 – 无风险报酬率）× 风险系数　　（4-62）

上报国家的项目，其基准收益率的取值要按国家发展改革委、住房城乡建设部《关于调整部分行业建设项目财务基准收益率的通知》（发改投资〔2013〕586 号）中的公布值执行（见表 4-23）。

表 4-23　石油天然气项目财务基准收益率取值率

序号	项　目	融资前税前财务基准收益率	项目资本金税后财务基准收益率
一	陆上油田开采		
1	陆上常规油田开采	13%	14%
2	陆上特殊油田开采	8%	9%
二	陆上气田开采		
1	陆上常规气田开采	12%	13%
2	陆上煤层气开采	10%	11%
3	陆上页岩气、致密气开采	8%	9%
三	长输管道		
1	长距离输原油管道	10%	12%

续表

序号	项 目	融资前税前 财务基准收益率	项目资本金 税后财务基准收益率
2	长距离输成品油管道	10%	12%
3	长距离输气管道	10%	12%
四	储气库	10%	12%

（三）油气储运科技成果经济价值评估折现率取值建议

参照中国石油、中国石化、中国海油油气储运领域投资项目经济评价参数财务基准收益率取值。

第五章

油气储运科技成果经济价值
评估实证分析

第一节　OD1422mm×80 管线钢管研制
及应用技术项目
（降本增效类、新产品类）

一、项目简介

OD1422mm×80 管线钢管研制及应用技术（降本类、新产品类）项目，该项目修正了高压输气管道的止裂韧性预测模型，发展了高压输气管线止裂预测技术，针对现场服役条件，通过断裂力学、气体减压波特性，制定了 OD1422mm×80 高压输气管道断裂控制方案，提出了止裂韧性指标。

项目确定了管材止裂韧性和化学成分要求，提出了 OD1422mm×80 管材的关键技术指标和试验方法，形成了 OD1422mm×80 管材系列标准。

项目攻克了 OD1422mm×80 管材、弯管、管件的制造工艺技术，国内首次研制出 OD1422mm×80 焊管、感应加热弯管，形成了产品性能测试与表征技术。

项目开发了 OD1422mm×80 冷弯管弯制工艺，研制出国内首台 OD1422mm 冷弯管机；形成了大口径钢管吊装下沟、环焊焊接等系列施工工艺。

项目研发了 OD1422mm 管道内焊机、管端坡口机、外自动焊机、机械化防腐补口装备、山地综合运管车、山地布管机、步进式挖掘机等系列大口径管道施工成套装备。

该研究成果填补了国内 OD1422mm×80 管材开发应用技术空白，成果已应用于多个区域国家重大管道建设，应用效果证明研究成果完全符合大输量管道建设工程需求，未来将具有广阔的推广应用价值。该成果刷新了中国高压大口径天然气管道建设纪录，提升了高强度大口径油气管道建设技术水平，推动了中国钢铁冶金、材料加工、机电学科和油气输送管道领域的技术进步。

二、科技成果经济效益评估

（一）收益分成基数（B）

2018—2019 年节约成本和产品销售利润共计 25.5939 亿元。其中：

（1）2018—2019 年节约投资共计 21.56 亿元。OD1422mm×80 钢管研制及配套施工技术应用于多个区域天然气管道工程设计、施工。按照成果研发后的输气工艺方案比选，工程全长约 715 千米采用 12 兆帕 OD1422mm×80 单管输送方案，相对于采用 10 兆帕 OD1219mm×80 双管输送方案，节省建设投资 21.56 亿元（见表5–1）。

（2）2018 年节约运行成本 868.67 万元。OD1422mm 管道自动焊装备是美国 CRC 公司自动焊装备价格的 75%，2018 年节约投资 868.67 万元（见表 5-2）。

（3）2018—2019 年销售钢管新增净利润共计 37645.2 万元。两家钢管企业利用研究成果开发生产了 OD1422mm×80 螺旋缝埋弧焊管、直缝埋弧焊管。钢管新增利润共计 37645.2 万元。OD1422mm 管道自动焊成套装备：销售及租赁合同总额 8296.67 万元，按照销售利润率为 22% 进行测算，2018 年新增利润为 1037.35 万元，2019 年新增利润为 787.92 万元，总计 1825.27 万元（见表 5-3）。

表 5-1　降本类（节约投资）科技成果收益分成基数计算基础数据表

（单位：万元）

序号	应用项目名称	年度	新技术实施前投资总额	新技术实施后投资总额	投资节约总额
1	某区域天然气管道工程	2018—2019			215600
合计					215600

表 5-2　降本类（降低运行成本）科技成果收益分成基数计算基础数据表

（单位：万元）

序号	应用项目名称	年度	计量单位	新技术实施前			新技术实施后			运行成本节约总额
				数量	单位成本	总额	数量	单位成本	总额	
1	某区域天然气管道工程	2018								868.67
	合计									868.67

表 5-3　新产品类科技成果收益分成基数计算基础数据表

（单位：万元）

序号	销售对象	年度	计量单位	新产品			所得税	净利润
				销量	销售单价	单位完全成本		
1	A	2018	万吨	19.6				8119.6
2	B	2019	万吨	17.87				7402.92
3	C	2019	万吨	35.16				22122.8
4	D	2018—2019	套					1825.27
合　计								39470.59

（二）科技成果收益分成率（K）

1. 技术要素分成系数（K_T）

降本类科技成果技术要素分成系数取值 0.5，新产品类科技成果技术要素分成系数取值 0.7。

2. 技术层级分成系数（K_L）

本科技成果属于单项技术主导创造经济效益，科技成果的经济效益仅为被评估科技成果的贡献，技术层级分成系数取值为 1。

3. 技术创新分成系数（K_Q）

科技成果技术创新分成系数专家评分表见表 5-4，根据专家评分法确定该科技成果的技术创新分成系数为 0.93。

4. 科技成果收益分成率（K）

降本类科技成果分成率 =0.5×1×0.93×100%=46.5%

新产品类科技成果分成率 =0.7×1×0.93×100%=65.1%

表 5–4　科技成果技术创新分成系数专家评分表

评价指标	评价标准	评分
技术创新程度	在关键技术或者系统集成上有重大创新：0.36 ～ 0.40	0.38
	在关键技术或者系统集成上有较大创新：0.28 ～ 0.36	
	在关键技术或者系统集成上有创新：< 0.28	
技术指标先进程度	达到同类技术或产品的领先水平：0.23 ～ 0.25	0.24
	达到同类技术或产品先进水平：0.18 ～ 0.23	
	达到同类技术或产品一般水平：< 0.18	
技术复杂度与难度	技术复杂度高、难度大：0.14 ～ 0.15	0.14
	技术复杂度较高、难度较大：0.11 ～ 0.14	
	技术获得与技术开发有难度：< 0.11	
技术成熟与完备程度	技术非常成熟、完备，已经实现规模化工业应用：0.18 ～ 0.20	0.17
	技术比较成熟、完备，已经初步成功实现工业应用：0.14 ～ 0.18	
	技术基本成熟，能够进行工业化应用：< 0.14	
技术创新强度系数		0.93

（三）科技成果经济效益（V）

降本类科技成果：

$V=B_1K$

　$=（215600+868.67）× 46.5\%$

　$=100657.90（万元）$

新产品类科技成果：

$V=B_1K$

=39470.59×65.1%

=25695.35（万元）

该科技成果总的经济效益为 126353.25 万元，年均经济效益为 63176.63 万元。其中：降本类科技成果收益分成系数为 46.5%，分成经济效益 100657.90 万元；新产品类科技成果收益分成系数 65.1%，分成经济效益为 25695.35 万元。

科技成果经济效益评估表见表 5–5。

表 5–5　油气储运及地面工程科技成果经济效益评估表

科技成果 名称	OD1422mm×80 管线钢管 研制及应用技术	成果类型	降本类、新产品类
		评估时间	
科技成果 申报单位		应用项目	
科技成果 创新技术	（1）修正了高压输气管道的止裂韧性预测模型。（2）确定了管材止裂韧性和化学成分要求，提出了 OD1422mm×80 管材的关键技术指标和试验方法。（3）攻克了 OD1422mm×80 管材、弯管、管件的制造工艺技术，国内首次研制出 OD1422mm×80 焊管、感应加热弯管。（4）开发了 OD1422mm×80 冷弯管弯制工艺，研制出国内首台 OD1422mm 冷弯管机；形成了大口径钢管吊装下沟、环焊焊接等系列施工工艺。（5）研发了 OD1422mm 管道内焊机、管端坡口机、外自动焊机、机械化防腐补口装备、山地综合运管车、山地布管机、步进式挖掘机等系列大口径管道施工成套装备。		

评估结果	本着客观、公正、科学的原则，参照《科技成果经济效益评估操作指南 – 油气储运及地面工程》，对应用该科技成果贡献的直接经济效益进行了评估。评估结果报告如下： 该科技成果应用在某区域天然气管道工程，已应用 2 年，节约投资 215600 万元，年均节约投资 107800 万元。 该科技成果应用在某区域天然气管道工程，已应用 2 年，降低运行成本 868.67 万元，年均降低运行成本 434.34 万元。 该科技成果应用在 A、B、C、D，已应用 2 年，新产品销售新增净利润 39470.59 万元，年均新增净利润 19735.30 万元。 该科技成果属于降本类、新产品类，技术要素收益分成系数分别为 0.5、0.7，技术层级分成系数分别为 1、1，技术创新分成系数为 0.93，科技成果收益分成率分别为 46.5%、65.1%。 该科技成果直接经济效益为 126353.25 万元，年均直接经济效益为 63176.63 万元。其中：降本类分成经济效益 100657.90 万元；新产品类分成经济效益为 25695.35 万元。 评估人员： 年　月　日
项目负责人意见	负责人： 年　月　日
申报单位负责人意见（单位盖章）	负责人： 年　月　日

第二节　油气管道超长距离穿越和大跨度
悬索跨越关键技术及应用项目
（油气管道增加输量类成果）

一、项目简介

该项目属于增量类—增加输量或周转量项目，发明了盾构隧道柔性管片、柔性接头及其防水方法，形成了用于油气管道强震区超高水压条件下的抗震及防水体系，抗震设防水平由 0.4 克提升到 0.63 克，强震作用下防水能力由 0.72 兆帕提高到 2 兆帕。

项目发明了油气管道窄柔悬索跨越（宽跨比 1/80–1/150）风洞试验装置，提出了专用试验方法，首次揭示了窄柔悬索跨越结构风致振动机理，指导了大跨度悬索跨越抗风工程设计及实施。

项目首次揭示了水平定向钻钻井液成分、黏度、流速等因素对钻屑运移效率的影响规律，指导研发了水平定向钻管道穿越反循环钻进方法及核心技术装备。

专家鉴定认为该成果总体达到国际先进水平，其中反循环钻进方法处于国际领先，项目成果推动了世界非开挖技术和悬索跨越技术水平的进步，为中国油气管道技术由跟随转为领跑起到了不可替代的作用。

二、科技成果经济效益评估

（一）收益分成基数（B）

盾构隧道方面的技术成果先后在多个项目中进行了应用；大

跨度悬索跨越方面的技术在某天然气管道悬索跨越、页岩气外输龙河跨越等多个项目中进行了应用；超长距离定向钻在长江穿越、5200 米机场穿越等多个项目中进行了应用。

该科技成果应用于 3 条天然气管道，近 4 年新增天然气管输量为 424.34 亿立方米，实现净利润 156622 万元。其中：盾构隧道方面的科技成果在 A 天然气管道应用实现净利润 20059 万元；大跨度悬索跨越方面的科技成果在 B 天然气管道应用实现净利润 80005 万元；超长距离定向钻方面的科技成果在 C 天然气管道应用实现净利润 56558.1 万元（见表 5–6 至表 5–8）。

表 5–6 A 管道科技成果收益分成基数计算基础数据表（盾构隧道）

序号	项目	单位	实际值				合计
			第 1 年	第 2 年	第 3 年	第 4 年	
1	增加的油气输量	万立方米	235953	243975	245000	245000	969928
1.1	实施新技术前油气输量	万立方米					
1.2	实施新技术后油气输量	万立方米					
2	管输单价	元 / 立方米	0.04573	0.04573	0.04573	0.04573	
3	输油气成本	万元	4653	4720	4774	4774	18921
4	税金及附加	万元	30	106	106	106	348
5	所得税	万元	916	950	1581	1581	5028
6	净利润	万元	5191	5382	4743	4743	20059

表 5-7　B 管道科技成果收益分成基数计算基础数据表（大跨度悬索跨越）

序号	项目	单位	实际值				合计
			第 1 年	第 2 年	第 3 年	第 4 年	
1	增加的油气输量	万立方米	442412	457453	459375	459375	1818615
1.1	实施新技术前油气输量	万立方米					
1.2	实施新技术后油气输量	万立方米					
2	管输单价	元/立方米	0.065	0.065	0.065	0.065	
3	输油气成本	万元	5816.25	5900	5967.5	5967.5	23651.3
4	税金及附加	万元	37.5	132.5	132.5	132.5	435
5	所得税	万元	3435	3555	3564	3564	14119
6	净利润	万元	19468	20147	20195	20195	80005

表 5-8　C 管道科技成果收益分成基数计算基础数据表（超长距离定向钻）

序号	项目	单位	实际值				合计
			第 1 年	第 2 年	第 3 年	第 4 年	
1	增加的油气输量	万立方米	353929.5	365963	367500	367500	1454892
1.1	实施新技术前油气输量	万立方米					0
1.2	实施新技术后油气输量	万立方米					0
2	管输单价	元/立方米	0.063	0.063	0.063	0.063	
3	输油气成本	万元	6048.9	6136	6206.2	6206.2	24597.3
4	税金及附加	万元	45	159	159	159	522
5	所得税	万元	2431	2514	2518	2518	9980.83
6	净利润	万元	13773.11	14246.5	14269.2	14269.2	56558.1

（二）科技成果收益分成率（K）

1. 技术要素分成系数（K_T）

该成果在陆上油气管道系统中的应用，油气管道技术要素分成系数为 0.30。

2. 技术层级分成系数（K_L）（设 $D_{ijk}=1$）

依据科技成果创新点对应的一级、二级技术级序及分成系数，计算总体的技术层级分成系数（见表 5-9）。

盾构隧道：

$$K_L = \sum (D_i \times D_{ij}) = 0.2 \times (0.1+0.2) = 0.06$$

大跨度悬索跨越：

$$K_L = \sum (D_i \times D_{ij}) = 0.20 \times (0.1+0.2) = 0.06$$

超长距离定向钻：

$$K_L = \sum (D_i \times D_{ij}) = 0.2 \times (0.1+0.2) + 0.15 \times 0.30 = 0.105$$

3. 技术创新分成系数（K_Q）

根据专家评分法确定该科技成果的技术创新分成系数为 0.96（见表 5-10）。

4. 科技成果收益分成率（K）

盾构隧道收益分成率 =（$0.30 \times 0.06 \times 0.96$）$\times 100\% = 1.728\%$

大跨度悬索跨越收益分成率 =（$0.30 \times 0.06 \times 0.96$）$\times 100\% = 1.728\%$

超长距离定向钻收益分成率 =（$0.30 \times 0.105 \times 0.96$）$\times 100\% = 3.024\%$

表5-9　油气管道技术层级分成系数

技术名称与技术层级分成系数

技术级别	工程勘查与设计 0.20			管道线路 0.20					管道场站 0.15			工艺及设备 0.15			自控与信息 0.10			生产运行 0.10			运行与维护 0.10			
一级（D_i）	0.20			0.20					0.15			0.15			0.10			0.10			0.10			
二级（D_{ij}）	工程测量与勘察	管道水力计算与流动保障	管道设计	线路选择	管道敷设	管道穿（跨）越	管道及管道附件	管道焊接与检验	输油气管道场站、清管站	油气处理	油气计量	油气输送工艺	压缩机及其辅助设备（输油泵）	施工设备	仪表与自动控制	通信与信息化	输油气管道监控	模拟仿真与运行优化	油气管道运行调配	管道监测	管道检测与评价	防腐蚀	管道抢维修	管道完整性管理
	0.30	0.40	0.30	0.20	0.10	0.20	0.30	0.20	0.40	0.30	0.30	0.40	0.30	0.30	0.40	0.30	0.30	0.30	0.40	0.30	0.20	0.30	0.20	0.30
创新点（略）																								

表 5-10　科技成果技术创新分成系数专家评分表

评价指标	评价标准	评分
技术创新程度	在关键技术或者系统集成上有重大创新：0.36～0.40	0.38
	在关键技术或者系统集成上有较大创新：0.28～0.36	
	在关键技术或者系统集成上有创新：0.28	
技术指标先进程度	达到同类技术或产品的领先水平：0.23～0.25	0.25
	达到同类技术或产品先进水平：0.18～0.23	
	达到同类技术或产品一般水平：＜0.18	
技术复杂度与难度	技术复杂度高、难度大：0.14～0.15	0.15
	技术复杂度较高、难度较大：0.11～0.14	
	技术获得与技术开发有难度：＜0.11	
技术成熟与完备程度	技术非常成熟、完备，已经实现规模化工业应用：0.18～0.20	0.18
	技术比较成熟、完备，已经初步成功实现工业应用：0.14～0.18	
	技术基本成熟，能够进行工业化应用：0.14	
技术创新强度系数		0.96

（三）科技成果经济效益（V）

$V = B_1 K$

　　$= 20059 \times 1.728\% + 80005 \times 1.728\% + 56558 \times 3.024\%$

　　$= 3439.42$（万元）

该科技成果应用于 A、B、C 新建天然气管道，在近 4 年增加输气量科技成果经济效益为 3439.42 万元，年均经济效益为 859.86 万元。

科技成果经济效益评估表见表 5-11。

表 5-11 油气储运及地面工程科技成果经济效益评估表

科技成果名称	油气管道超长距离穿越和大跨度悬索跨越关键技术及应用	成果类型	增量类——增加输量或周转量
		评估时间	
科技成果申报单位		应用项目	
科技成果创新技术	（1）发明了盾构隧道柔性管片、柔性接头及其防水方法，形成了用于油气管道强震区超高水压条件下的抗震及防水体系。（2）发明了油气管道窄柔悬索跨越（宽跨比 1/80-1/150）风洞试验装置，提出了专用试验方法。（3）研发了水平定向钻管道穿越反循环钻进方法及核心技术装备。		
评估结果	本着客观、公正、科学的原则，参照《科技成果经济效益评估操作指南 – 油气储运及地面工程》，对应用该科技成果贡献的直接经济效益进行了评估。评估结果报告如下： 该科技成果盾构隧道、大跨度悬索跨越、超长距离定向钻等方面的技术应用在 A、B、C 等，已应用 4 年，增加油气输量新增净利润 20059、80005、56558 万元。年均新增净利润 5014.75、20001.25、14139.5 万元。 该科技成果属于增量类——增加输量或周转量，技术要素收益分成系数为 0.30，盾构隧道、大跨度悬索跨越、超长距离定向钻技术层级分成系数分别为 0.06、0.06、0.105，技术创新分成系数为 0.96，科技成果收益分成率分别为 1.728%、1.728%、3.024%。 该科技成果直接经济效益为 3439.42 万元，年均直接经济效益为 859.86 万元。		

评估人员：

年　月　日

续表

项目负责人 意见	负责人： 　　　年　月　日
申报单位 负责人意见 （单位盖章）	负责人： 　　　年　月　日

第三节　地下储气库成套技术
（增加调峰采气量类）

一、项目简介

地下储气库成套技术属于增量类——增加储存量或周转能力类项目，成果有 4 项创新，其中 2 项国际领先、2 项国际先进。创新点一：创建了圈闭动态密封理论和库容分区动用方法；创新点二：创新了适应复杂交变载荷工况的钻完井技术；创新点三：创新了高压大流量储气库地面核心技术与装备；创新点四：创新了储气库风险评价与控制关键技术（见表 5-12）。

表 5-12　地下储气库成套技术主要技术指标水平

技术内容	本成果技术指标及水平	国外同类技术水平	水平对比
圈闭动态密封理论和库容分区动用方法	提出"毛管突破、承压破坏、交变疲劳、扰动滑移"圈闭密封失效判定模式，构建以"动态突破压力、滑移趋势指数"指标体系	国外采用地质静态方法评价圈闭密封性，指标为突破压力和最小水平主应力	国际领先
	创建了流体捕集、相变等多因素耦合的库容分区计算模型，精度较国外方法提高 20%；创建了储气库短期高速不稳定流数学模型，库容利用率由 70% 提高至 90% 以上	主要采用传统气藏压降法设计库容参数指标，不考虑分区差异动用和多轮相渗滞后效应	
适应复杂交变载荷工况的钻完井技术	复合凝胶堵漏材料由高强度无机内核和有机外壳组成，具有吸水膨胀和氢键吸附性能，超低压地层堵漏一次成功率 80% 以上	哈里伯顿、西南石油大学类似产品仅具备吸水膨胀性能	国际领先
	晶须纳米高强低弹模韧性水泥浆抗压强度、耐温差、稳定性等指标优于国外同类产品，成功应用温差 100℃、水泥石抗压 50 兆帕	斯伦贝谢水泥浆成功应用温差 60℃、水泥石抗压 28 兆帕	
高压大流量储气库地面核心技术与装备	大功率高压往复式压缩机组：功率 6000 千瓦、机身振动值 4.58 毫米/秒、能耗 802 千瓦·时/万立方米	世界领先：功率 5800 千瓦、机身振动 4.64 毫米/秒、能耗 823 千瓦·时/万立方米	国际先进
	大口径高钢级双金属复合管：水下爆燃制管技术管径 D660（最大可达 D1210）、结合强度振动模态无损检测、效率 10 根/小时	世界领先：水压复合制管最大管径 D610、结合强度破坏性检测、效率 2 根/小时	
储气库风险评价与控制技术	首次创建拉伸/压缩交替变化下管柱密封评价准则，管柱剩余寿命预测基于理论推导	国外无密封准则	国际先进
	油套管螺纹连接气密封检测装备精度 1.0×10^{-8} 帕·立方米/秒，超声波泄漏检测工具垂向精度 0.1 米	与国外同类技术检测精度相当	

二、科技成果经济效益评估

（一）收益分成基数（B）

2014—2021 年 M 储气库调峰气量 100.13 亿立方米，净利润合计 28.76 亿元（见表 5-13）。

净利润 = $\sum$ [调峰采气量 × （单位储转费 - 储气库单位完全成本）- 所得税]

$$=100.13 \times 10000 \times 0.6321 - 3198 - 308210 - 33874$$

$$=287616（万元）$$

表 5-13　2014—2021 年 M 储气库增加储气量经济效益测算

名称	单位	经济效益测算								合计
		2014	2015	2016	2017	2018	2019	2020	2021	
调峰气量	亿立方米	0.96	3.47	11.51	15.08	13.92	16.76	15.63	22.8	100.13
税金及附加	万元	0	53	388	527	478	596	478	678	3198
总成本费用	万元	8000	9938	38969	44785	45826	46072	52203	62417	308210
所得税	万元	0	1143.6	3326.55	5296.05	4217.1	6439.8	4631.85	8819.4	33874
净利润	万元	-1932	10798.4	30068.45	44708.95	37463.9	52828.2	41481.15	72198.6	287616

（二）科技成果收益分成率（K）

1. 技术要素分成系数（K_T）

M 储气库属于新建油气藏型储气库，技术要素分成系数为 0.35。

2. 技术层级分成系数（K_L）（设 $D_{ijk}=1$）

$$K_L = \sum (D_i \times D_{ijk})$$
$$=0.3 \times (0.25+0.30)+0.20 \times 0.50+0.20 \times (0.30+0.30)+0.1 \times 1$$
$$=0.485$$

表 5-14　油气藏地下储气库层级分成系数

技术级别	技术名称与技术层级分成系数																	
一级（D_i）	地质与气藏工程				钻采工程			地面工程				运行优化			完整性管理			
	0.30				0.20			0.20				0.20			0.10			
二级（D_{ij}）	建库选址评价	建库方案设计	建库气藏评价	建库监测评价	老井评价与处理	钻完井工程	注采工程	注气系统	采、集气及天然气处理系统	外输与计量	仪表及自动控制	模拟仿真与运行优化	储气库运行调配	运行监测	地质体完整性检测	井筒完整性检测	地面设施完整性检测监测	完整性评价
	0.25	0.25	0.30	0.20	0.30	0.50	0.20	0.30	0.30	0.20	0.20	0.40	0.30	0.30	0.40	0.20	0.20	0.20
创新点（略）																		

3. 技术创新分成系数（K_Q）

根据专家评分法确定该科技成果的技术创新分成系数为 0.94（见表 5-15）。

表 5-15　科技成果技术创新分成系数的专家评分表

评价指标	评价标准	评分
技术创新程度	在关键技术或者系统集成上有重大创新：0.36 ～ 0.40	0.36
	在关键技术或者系统集成上有较大创新：0.28 ～ 0.36	
	在关键技术或者系统集成上有创新：< 0.28	
技术指标先进程度	达到同类技术或产品的领先水平：0.23 ～ 0.25	0.25
	达到同类技术或产品先进水平：0.18 ～ 0.23	
	达到同类技术或产品一般水平：< 0.18	
技术复杂度与难度	技术复杂度高、难度大：0.14 ～ 0.15	0.15
	技术复杂度较高、难度较大：0.11 ～ 0.14	
	技术获得与技术开发有难度：< 0.11	
技术成熟与完备程度	技术非常成熟、完备，已经实现规模化工业应用：0.18 ～ 0.20	0.18
	技术比较成熟、完备，已经初步成功实现工业应用：0.14 ～< 0.18	
	技术基本成熟，能够进行工业化应用：< 0.14	
技术创新强度系数		0.94

4. 科技成果收益分成率（K）

$K = 0.35 \times 0.485 \times 0.94$

$\quad = 15.96\%$

（三）科技成果经济效益（V）

科技成果经济效益：

$V = B_1 K$

$\quad = 287616 \times 15.96\%$

$\quad = 45903.51$（万元）

该科技成果应用于 M 储气库，在 2014—2021 年储气库调峰气量 100.13 亿立方米，净利润 28.76 亿元，科技成果技术分成率

为 15.96%，科技成果经济效益为 45903.51 万元，年均经济效益为
5737.94 万元。

科技成果经济效益评估表见表 5-16。

表 5-16　油气储运及地面工程科技成果经济效益评估表

科技成果 名称	M 地下储气库成套技术研究与应用	成果 类型	增量类——增加储存 量或周转能力类
		评估 时间	
科技成果 申报单位		应用 项目	
科技成果 创新技术	（1）创建了圈闭动态密封理论和库容分区动用方法；（2）创新了适应复杂交变载荷工况的钻完井技术；（3）创新了高压大流量储气库地面核心技术与装备；（4）创新了储气库风险评价与控制关键技术。		
评估结果	本着客观、公正、科学的原则，参照《科技成果经济效益评估操作指南－油气储运及地面工程》，对应用该科技成果贡献的直接经济效益进行了评估。评估结果报告如下： 该科技成果应用在 M 地下储气库，已应用 8 年，增加调峰采气量新增净利润 287616 万元，年均新增净利润 35952 万元。 该科技成果属于增量类——增加储存量或周转能力，技术要素收益分成系数为 0.35，技术层级分成系数为 0.485，技术创新分成系数为 0.94，科技成果收益分成率为 15.96%。 该科技成果直接经济效益为 45903.51 万元，年均直接经济效益为 5737.94 万元。 <div align="right">评估人员： 年　　月　　日</div>		
项目负责人 意见	<div align="right">负责人： 年　　月　　日</div>		
申报单位 负责人意见 （单位盖章）	<div align="right">负责人： 年　　月　　日</div>		

第四节　输气管道无溶剂减阻防腐
涂料技术研究与应用
（油气管道增输量类成果）

一、项目简介

减阻防腐涂层首次适用于极寒环境管道冷弯工艺安装，实现涂层体系于 –35℃极寒环境拥有优良抗弯曲性能（150 微米漆膜，2.5° 弯曲，无剥落、无开裂）。

通过固化剂复配改性和采用硅烷偶联剂改性硅微粉，形成新型固化剂和填料，提高树脂的玻璃化转变温度、增强涂层附着力。

优选双官能团活性稀释剂有效控制涂料体系黏度，实现薄涂工艺（70 ~ 110 微米），表面粗糙度 < 3 微米，理论输气量提高 18.4%。

研制 AW–03 无溶剂减阻防腐涂料，涂层附着力高于 20 兆帕，落砂耐磨大于 1.21 升 / 微米，VOC 含量不高于 20 克 / 升（国家标准规定含量 420 克 / 升）。

通过自主研发，实现技术重大创新，成功解决关键技术问题，经中国石油科技成果鉴定达到国际先进水平，实现极寒地带 –30℃环境无溶剂内减阻涂层依然保持优异抗弯曲性能及优异抗 CO_2/H_2 渗透与腐蚀等综合性能，取得重大技术突破，实现减阻涂层由"含溶剂、重防腐性能差"至"无溶剂、重防腐性能优异"的跨越式发展，科技成果入选中国石油 2018 年度自主创新重要产品，为国家重点工程提供技术支撑，有力支持、保障地面工程项目建设，显著促进行业技术进步。

二、科技成果经济效益评估

（一）新增净利润

该科技成果应用到某天然气管道项目中，同裸管相比，输气量提高 18.4%；同采用溶剂型减阻涂层对比，输气量提高 6.4%；有效进一步减小输气阻力、提高输气量。

NP（净利润）$= \sum$ ［应用新技术后油气输量 ×（管输单价 − 应用新技术后输油气单位完全成本）−应用新技术前油气输量 ×（管输单价 − 应用新技术前输油气单位完全成本）− 所得税］

$$=131100 \times 0.1284 - 6033 - 150 - 1575$$

$$=8919（万元）$$

表 5–17　该管道增加油气输量经济效益测算基础数据表

序号	项目	单位	实际值			合计
			第 1 年	第 2 年	第 3 年	
1	增加的油气输量	万立方米	43700	43700	43700	131100
1.1	实施新技术前油气输量	万立方米	219910	219910	219910	659729
1.2	实施新技术后油气输量	万立方米	176210	176210	176210	528629
2	管输单价	元 / 立方米	0.1284	0.1284	0.1284	
3	输油气成本	万元	2011	2011	2011	6033
4	税金及附加	万元	50	50	50	150
5	所得税	万元	525	525	525	1575
6	净利润	万元	2973	2973	2973	8919

（二）科技成果收益分成率（K_{OGP}）

1. 技术要素分成系数（K_{OGP1}）

该成果在输气老管道中的应用，陆上油气管道技术要素分成系数为 0.30。

表 5-18　油气管道技术要素分成系数建议表

应用领域		技术要素分成系数
陆上油气管道	新建管道	0.35
	老管道	0.30
海底油气管道	新建管道	0.40
	老管道	0.35

2. 技术层级分成系数（K_{OGP2}）

该科技成果应用于油气管道新增输量仅为该科技成果的贡献，则技术层级分成系数为 1。

3. 技术创新分成系数 K_{OGP3}

根据专家评分法确定该科技成果的技术创新分成系数 K_{OGP3} 为 0.88。

表 5-19　确定科技成果技术创新分成系数的专家评分表

评价指标及权重	评价标准	评分
技术创新程度 0.40	在关键技术或者系统集成上有重大创新：0.36 ～ 0.40	0.32
	在关键技术或者系统集成上有较大创新：0.28 ～ 0.36	
	在关键技术或者系统集成上有创新：< 0.28	

续表

评价指标及权重	评价标准	评分
技术指标 先进程度 0.25	达到同类技术或产品的领先水平：0.23～0.25	0.20
	达到同类技术或产品先进水平：0.18～< 0.23	
	达到同类技术或产品一般水平：< 0.18	
技术复杂度与 难度 0.15	技术复杂度高、难度大：0.14～0.15	0.11
	技术复杂度较高、难度较大：0.11～< 0.14	
	技术获得与技术开发有难度：< 0.11	
技术成熟与 完备程度 0.20	技术非常成熟、完备，已经实现规模化工业应用： 0.18～0.20	0.18
	技术比较成熟、完备，已经初步成功实现工业应用： 0.14～< 0.18	
	技术基本成熟，能够进行工业化应用：< 0.14	
技术创新强度系数		0.81

4. 科技成果收益分成率（K）

$K = (0.30 \times 1 \times 0.81) \times 100\%$

$K = 24.3\%$

（三）管道增输量科技成果经济效益

实现增输量科技成果经济效益 EOGP= 管道增输量净利润 × 管道增输量科技成果经济效益分成率

$= 8919 \times 24.3\%$

$= 2167.32$（万元）

该科技成果应用于某天然气外输老管道项目中，在对应年限中管道增输量科技成果经济效益为 2167.32 万元。

第六章

油气储运科技成果经济价值评估管理

第一节　油气储运科技成果经济价值评估流程

一、科技奖励油气储运科技成果经济价值评估流程

油气储运科技成果经济价值评估流程：油气储运生产项目收益净利润确定—储运科技创新成果收益分成率计算—储运科技创新成果收益分成净现值计算—计算结果反馈，合理则直接确认下行，不合理则重新核算（如图6-1所示）。

第一步，油气储运生产项目收益净利润。根据油气储运科技创新成果在生产项目中应用情况，对于科技创新成果转化应用后取得的总体经济效益已有评估结果的，可从油气储运生产项目收益评估结果中提取；对于尚无评估结果的，可从财务报表中提取项目收入、成本等基础数据，不同类型油气储运项目收益净利润按照增加效益（增加输量或范围、增加储存量）、降本增效、技术服务、产品类等具体计算公式测算。

第二步，储运科技创新成果收益分成率计算。分别选取油气储运技术要素分成参考基准值、油气管道收益递进分成基数、油

气储运技术创新强度系数，三个参数乘积计算收益分成率。

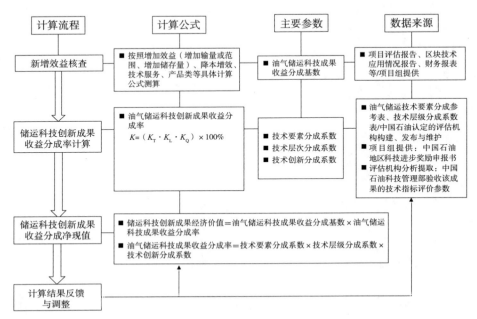

图 6-1　科技奖励油气储运科技成果经济价值评估流程

第三步，储运科技创新成果收益分成净现值计算。以油气储运生产项目收益净利润与油气储运科技创新成果的收益分成率的乘积计算得到。

二、参与市场交易油气储运科技成果经济价值评估流程

（一）被评估科技成果基础资料采集

收集被评估科技成果基本情况、技术创新点、推广应用情况等资料。符合保密程序的前提下尽量提供科技项目验收报告、检测报告、应用证明和科技成果评价报告、鉴定报告等资料。

（二）科技成果分类

按照被评估科技成果经济价值表现形式进行科技成果分类。

（三）基础数据填报

根据科技成果实际应用情况填写基础数据表，应通过项目方案、项目经济评价报告、财务报表、营销报表、油气田企业油气储运信息系统等提供真实有效的数据，并提供客观佐证依据。

（四）数据核验

应对已采集的科技成果基础资料和填写的基础数据进行校对核验。

（五）评估模型选择

根据科技成果经济价值评估目的，选择经济价值计算模型。

（六）科技成果经济价值计算

依据油气储运科技成果分类，选取相应的评估参数和基础数据，计算收益分成基数和计算收益分成率，计算科技成果的经济价值。

（七）计算结果反馈与调整

对计算得出的油气储运科技成果经济价值计算结果进行反馈、复核与调整。

（八）形成评估报告

形成正式评估报告，评估报告应包括科技成果的类型、科技成果的概况、主要技术创新、计算依据与评估结果，并经相关负责人审核签名并加盖单位公章。

（九）数据资料及评估报告归档

对科技成果经济价值评估过程中采用的基础数据及相应来源等材料及正式评估报告进行归档保存备查。

油气储运科技成果经济价值评估程序及步骤见表 6-1。

表 6-1　油气储运科技成果经济价值评估程序及步骤

评价阶段	评估程序及步骤		评估程序与步骤说明	备注
准备阶段	被评估科技成果基础资料采集		收集被评估科技成果基本情况、技术创新点、推广应用情况等资料	
	科技成果分类		按照被评估科技成果经济价值表现形式，按增储类、增产类、其他增效类进行科技成果分类	
	基础数据表填报		根据科技成果实际应用情况填写基础数据表	
	数据核验		应对已采集的科技成果基础资料和填写的基础数据进行校对核验	
实施阶段	评估模型选择		根据科技成果经济价值评估目的，选择已实现的经济价值或预期的经济价值相应的计算模型	
	科技成果经济价值计算	收益分成基数计算	依据油气储运科技成果分类，选取相应的评估参数和基础数据，计算收益分成基数和收益分成率，最后计算出科技成果的经济价值	
		收益分成率计算		
	计算结果反馈与调整		对计算得出的油气储运科技成果经济价值计算结果进行反馈、复核与调整	
报告阶段	形成评估报告		形成正式评估报告	
归档阶段	数据资料及评估报告归档		对科技成果经济价值评估过程中采用的基础数据及相应来源等材料及评估报告进行归档保存备查	

第二节　油气储运科技成果经济价值评估保障措施

一、积极建立科技价值评估与分享的相关制度

建立科技价值评估与分享规则。成立油气田企业技术产权领导小组，科技和财税、法律、培训等部门参加。提高知识产权保护意识和知识产权利用水平，建立和完善知识产权保护长效机制，健全和完善知识产权信息服务平台，保障知识产权拥有人切身利益。制定和出台油气田企业有关技术创新成果价值评估的基本框架，如《油气田企业科技价值化评估规范（试行）》，包括：评估的程序和方法、评估技术手段的采用及标准、实施评估的主体、评估收费标准、评估结论的法律效用等，促进技术要素参与内外部技术市场利益分配。

进一步完善油气技术要素参与收益分配的激励制度。进一步提高对技术要素参与股权与收益分配重要性的认识，创新油气科技价值分享方式，建立技术创新激励制度体系，如科技奖励、岗位技能工资、科技项目承包奖励、技术创新成果转让和有偿技术服务利润提成、技术入股与分红、专利科技价值转移分享等激励制度。而制度体系的核心就是编制全面规定公司利润分享的各项重要规则的制度，即《油气田企业科技创新成果激励管理制度》。

二、强化科技成果经济价值评估结果运用

技术创新激励性薪酬体系。在天然气企业薪酬体系设计中，

要在完善保障性薪酬体系的同时不断加大激励性薪酬的力度。激励性薪酬是丰富薪酬体系，增加科技人才报酬的关键手段，重点体现效率性，包括项目奖金提成和股权激励。根据项目奖金提成，对应用研究领域的科技人才和成果转移转化人才，探索实践人才股权、技术入股和分红激励等经济价值分配形式。同时，实施薪酬福利弹性机制激励。薪酬福利主要是指外在的，其主要内容包括工资、奖金等短期的激励薪酬和股票期权、股份奖励等长期激励，还有经济性福利如教育培训补贴、交通补贴、住房津贴、交通补贴、伙食补贴、带薪休假、医疗保健等。

技术创新奖励体系。科技人员的奖励体系主要是针对天然气企业取得科研成果的团队和个人，包括以奖金为主要形式的货币性激励，以及以表彰荣誉为主要形式的精神激励。科技人员的奖励体系包括一般性奖励和特殊性奖励。一般性奖励主要是对专利和著作、优秀论文等给予的激励。特殊性奖励主要是对重要科研成果价值肯定、科研项目申请奖励、科技人员科研专项资金资助、以职务科技成果作价投资形成的股权奖励等非常规性激励，重点是对天然气企业协同创新团队、优秀青年人才和技术创新奖励力度，重点鼓励科研人才在重点领域做出重大成果。同时，兼顾团队的整体组织绩效。

科技成果转化收益体系。天然气企业成果转化收益体系，是通过制定切实可行的有关科技成果转化利益分配的规章制度或签订合同等形式，规定企业科技成果转化中企业及科研人员各方应当履行的权利和义务，明确企业与科研人员间利益分配的比例幅度和形式等方式来实现。利益分配的方式主要包括股权出售、股权奖励、项目收益分红、岗位分红等方式，鼓励天然气企业为科技人员的创新实践提供"一条龙"服务，最大限度调动科技人员服务企业、推动成果转化的积极性。

技术创新绩效考核体系。天然气企业科技人员绩效考核指标体系主要包括工作业绩指标、工作态度指标、工作能力指标等。科技人员绩效考核遵循重点突出原则下的动态管理机制，即根据科研人员工作特点，制定侧重点不同的考核内容。对于应用基础性、前沿性科研工作，注重创新能力的过程性考核；对应用开发科研工作，加强成果转化、经济效益等结果性考核；对试验检测、产品开发、产业化开发、技术服务等，注重平衡过程和结果，包括工作效率与效果、市场化开发、经济和社会效益、客户满意度等多种指标。

三、建立科技成果内部共享与内部交易管理机制

构建完善的科技价值评估组织管理机制，建立健全评估中心发展内部治理机制、行业内监督机制、第三方评估与认证机制等，研究制定《油气田企业科技价值评估管理办法》。开发先进的技术评估管理信息系统平台，构建基于客观数据的科学的科技价值评价机制与评价体系，引领新型科技评估机构建设的科学化、规范化、系统化发展。

构建完善科技价值评估研究运行机制。建立健全智库发展内部治理机制、行业内监督机制、第三方评估与认证机制。积极打造面向全国油气行业的新型智库研究与评价中心。增设科技价值评估智库研究专项，编制决策咨询研究计划及重点课题指南，建立油气田企业重大决策咨询研究课题发布平台，提高科技价值评估重大问题研究的组织化程度。加强科技价值评估智库建设资金

投入，建立油气科技信息报告制度和共享知识库。

　　建设油气田企业技术中介机构是促进科技和经济结合的桥梁和纽带。抓好五方面的工作：一是完善配套政策，大力发展油气专业化技术转移服务中介机构，培育建设技术转移示范机构，加强从业人员的技能和知识培训，健全技术转移创新服务体系。二是注重培育油气专业优势特色技术市场，因地制宜，因势利导打造油气区域性技术转移示范区，推动技术市场的跨区域协同发展。三是深度强化油气田企业技术创新和技术交易主体地位，支持企业开展技术原始创新，集成创新和引进技术的二次开发，鼓励企业购买先进适用科技成果进行转化应用，使企业真正成为技术输出和技术吸纳的主体。四是加强产学研合作，在各级科技计划项目立项和评估中，把技术创新成果的实用性和成果转化作为重要的评价考核指标，将技术转移成效逐步纳入油气田企业和科研院所的考核评价体系。五是建立油气田企业统一技术交易平台，共享科技转让成果信息，实现各油气田企业交易平台的互联互通，提升油气技术市场的整体水平。

四、搭建科技成果经济价值评估综合信息平台

　　加强科技价值评估成果对外交流和传播平台建设。坚持引进来与走出去相结合，建立与国内外知名科技评估机构交流合作机制。完善公开公平公正、科学规范透明的立项机制，建立长期跟踪研究、持续滚动资助的长效机制。积极参与国内外评估机构对话，定期举办油气田企业科技价值评估峰会，积极与国内外著名科技咨询评估机构、能源企业等共同合作开展科技价值评估重大项目研究，发挥评估中心在对外开放和国际交流中的独特优势，

提升评估中心的竞争力和影响力。

建立油气科技价值化的智能决策系统。智能决策支持系统是计算机管理系统向智能化和产业化发展的第四代产物。因此，应加强油气科技价值评估智库建设资金投入，开发具有全方位管理的科技价值评估集成化系统，即数据库、知识库、模型库和方法库四库协同系统，为油气科技价值分享提供智能决策支持。

积极培育建设油气技术信息市场。在此基础上，与其他能源行业，甚至国内外其他地区的网上技术交易平台之间进行互联互通，加速信息交流，进行网上交易，降低技术交易成本，为油气田企业研发决策提供科学依据。

五、加强科技成果经济价值评估专业机构和队伍建设

强化科技价值评估的组织与人才管理。加强技术价值评估人才队伍建设。制定实施油气田企业科技价值评估高端人才培养规划，整合汇集各专业领域专家学者与业界精英，打造高端人才专家库，培育国内一流水平的领军人才和青年杰出人才。鼓励和支持有较高理论素养和政策水平的油气田企业科技人才参与科技价值评估工作。深化评估人才岗位聘用、职称评定等人事管理制度改革，完善以品德、能力和贡献为导向的人才评价机制和激励政策。在科技价值评估中，特别要注意防范科技价值评估的执业风险，评估师应谨慎确定分享参数，提升取值的严肃性。

加强技术交易和专利交易服务团队建设，形成一支学科更加齐全高素质专业化的服务团队和管理团队。通过组织业务培训技术经纪人培训等活动，提高中心和联盟成员的业务水平和服务能力，形成一支高素质的业务支撑团队。另外，还要培养自身队伍

的创新能力，增强服务意识，努力提高服务质量和标准。

第三节　油气储运科技成果经济价值评估推广应用展望

一、应用展望

油气储运业务的快速发展对科技创新提出更高要求，科学量化科技创新成果转化应用后取得的经济效益，成为激励创新、驱动发展的主要瓶颈与重大命题。借鉴要素分配、分享经济和收益分成理论，立足于油气储运科技创新成果价值贡献与创效方式、技术基本结构级序，建立科技创新成果收益递进分成评估方法。实证表明，该方法能够有效解决从总体到单一油气储运技术要素经济价值量化问题，能够为促进油气储运科技创新发展提供支持，为油气科技评价改革提供智慧。伴随储运业务的发展，油气储运科技成果经济价值评估也将发挥更大价值。

二、相关建议

在要素市场化改革、创新价值导向的激励科技创新驱动发展大环境下，科技评价改革意义重大。实践证明，科技评估没有精确解，只有相对合理值。科技评估是一项复杂的系统工程，涉及效益创造的全生产要素和庞大复杂的技术体系。对油气储运科技创新成果而言，不仅要持续优化参数，还要加快建立更加完善的行业内公允的油气储运技术谱系，为评估工作规范化、制度化、市场化提供坚实基础。

参考文献

[1] 黄维和，宫敬，王军．碳中和愿景下油气储运学科的任务 [J]. 油气储运，2022，41（6）：607–613.

[2] 戴厚良，苏义脑，刘吉臻，等．碳中和目标下我国能源发展战略思考 [J]. 石油科技论坛，2022，41（1）：1–8.

[3] 何春蕾，王柏苍，辜穗，等．四川盆地致密砂岩气产业可持续高质量发展战略管理 [J]. 天然气工业，2022，42（1）：170–175.

[4] 宋娇娇，徐芳，孟溦．中国科技评价政策的变迁与演化：特征、主题与合作网络 [J]. 科研管理，2021，41（10）：11–19.

[5] 汪雪锋，张硕，刘玉琴，等．中国科技评价研究 40 年：历史演进及主题演化 [J]. 科学学与科学技术管理，2018，39（12）：67–80.

[6] 姜子昂，辜穗，任丽梅，等．油气科技创新价值分享理论研究与应用 [M]. 北京：科学出版社，2020.

[7] 辜穗，敬代骄，刘维东，等．中国油气科技创新绩效评估体系构建 [J]. 天然气与石油，2021，39（2）：129–134.

[8] 何晋越，沈积，李映霏，等．国有油气企业治理体系和治理能力现代化建设的思考 [J]. 天然气技术与经济，2022，16（3）：

66-70.

[9] 党录瑞，辜穗，刘建青，等 . 中国"气大庆"战略下的天然气科技管理模式创新——以中国石油西南油气田公司为例 [J]. 天然气工业，2022，42（5）：142-147.

[10] 王盼锋，常明亮，陈伟聪，等 . 浅析油气管道完整性管理技术研究与应用 [J]. 天然气技术与经济，2022，16（2）：48-53.

[11] 黄维和，郑洪龙，李明菲 . 我国油气储运行业发展历程及展望 [J]. 油气储运，2019，38（1）：1-11.

[12] 丁国生，丁一宸，李洋，等 . 碳中和战略下的中国地下储气库发展前景 [J]. 油气储运，2022，41（1）：1-9.

[13] 丁建林，西昕，张对红 . 能源安全战略下中国管道输送技术发展与展望 [J]. 油气储运，2022，41（6）：632-639.

[14] 张来斌，王金江 . 工业互联网赋能的油气储运设备智能运维技术 [J]. 油气储运，2022，41（6）：625-631.

[15] 姜子昂，辜穗，任丽梅，等 . 油气田企业管理创新成果收益分成模型研究 [J]. 石油科技论坛，2021，40（4）：40-49.

[16] 辜穗，马玥，彭自成，等 . 油气企业管理创新成果的螺旋式创新路径 [J]. 天然气技术与经济，2021，15（4）：79-84.

[17] 周登极，邢同胜，张麟，等 . 大数据背景下天然气管网数据挖掘与应用 [J]. 油气储运，2021，40（3）：271-276.

[18] 王乐乐，李莉，张斌，等 . 我国油气储运技术现状及发展趋势 [J]. 油气储运，2021，40（9）：961-972.

[19] 辜穗，江如意，王径，等 . 油气田企业科研院所创新绩效评估模型构建与应用 [J]. 石油科技论坛，2022，41（5）：46-56.

[20] 辜穗，王文婧，高琼，等 . 致密砂岩气规模效益开发管理机制

[J]. 天然气工业，2023，43（5）：100-107.

[21] 刘亚旭，田党宏. 科技成果的直接经济效益计算研究 [J]. 中国
科技论坛，2004（5）：93-97.

[22] 余克强. 试论科技成果价值的分析与评估 [J]. 科技咨询导报，
2006（9）：177-178.

[23] 郝世龙，沈琦，张晓凌. 技术价值评估方法的研究与应用 [J].
电脑与信息技术，2014，22（5）：4-6.

[24] 严威，俞立平，孙建红. 科技成果转化水平测度的计量模型研
究 [J]. 中国科技论坛，2014（12）：103-108.

[25] 王再进，徐治立，田德录. 中国科技创新政策价值取向与评估
框架 [J]. 中国科技论坛，2017（3）：27-32.

[26] 杨思思，郝屹，戴磊. 专利技术价值评估及实证研究 [J]. 中国
科技论坛，2017（9）：146-152.

[27] 陈雪瑞. 农业科技成果价值评估方法与系统模型研究 [D]. 中国
农业大学，2018.

[28] 周伟，宁煊. 基于产业转移升级的创新收益分配研究—以京津
冀城市群为例 [J]. 中国科技论坛，2021（12）：52-61.

[29] 窦如婷，周善明，蔡志勇，等. 基于无效和规避视角的专利价
值评价研究 [J]. 科技管理研究，2021，41（3）：87-93.

[30] 苏琳珉. 石油科技成果经济效益评估方法 [J]. 大庆石油学院学
报，2004（1）：53-55.

[31] 辜穗，任丽梅，杨雅雯. 油气科技绩效评估现状及发展对策
[J]. 石油科技论坛，2019，38（3）：23-28.

[32] 姜子昂，辜穗，任丽梅. 我国油气技术价值分享理论体系及其
构建 [J]. 天然气工业，2019，39（9）：140-146.

[33] 姜子昂，辜穗，王径，等 . 我国油气勘探开发技术产品谱系构建 [J]. 天然气工业，2020，40（6）：149–156.

[34] 姜子昂，刘申奥艺，辜穗，等 . 构建油气勘探开发技术要素收益分成量化模型 [J]. 天然气工业，2021，41（3）：147–152.

[35] 姜子昂，辜穗，彭彬，等 . 油气科技创新成果收益递进分成法的构建——以油气勘探开发为例 [J]. 天然气工业，2022，42（5）：148–155.

[36] 刘斌 . 地下储气库建设项目经济评价方法与实例 [J]. 天然气技术与经济，2020，14（5）：58–65.

[37] 潘亚东，郭翔宇，陈金金 . 地下储气库建设的发展趋势分析 [J]. 中国石油和化工标准与质量，2018，38（24）：100–101.

[38] 肖学兰 . 地下储气库建设技术研究现状及建议 [J]. 天然气工业，2012，32（2）：79–82.

[39] 丁国生，李春，王皆明，等 . 中国地下储气库现状及技术发展方向 [J]. 天然气工业，2015，35（11）：107–112.

[40] 曾大乾，张俊法，张广权，等 . 中石化地下储气库建库关键技术研究进展 [J]. 天然气工业，2020，40（6）：115–123.

[41] 马新华，郑得文，魏国齐，等 . 中国天然气地下储气库重大科学理论技术发展方向 [J]. 天然气工业，2022，42（5）：93–99.

[42] 杨海军 . 中国盐穴储气库建设关键技术及挑战 [J]. 油气储运，2017，36（7）：747–753.

[43] 郑雅丽，完颜祺琪，邱小松，等 . 盐穴地下储气库选址与评价新技术 [J]. 天然气工业，2019，39（6）：123–130.

[44] 夏兰，李红昌，石太军，等 . 油田科技成果经济效益评价方法探讨 [J]. 石油科技论坛，2015，34（1）：36–40.

[45] 黄维和，郑洪龙，王婷．我国油气管道建设运行管理技术及发展展望 [J]．油气储运，2014，33（12）：1259–1262.

[46] 丁建林，西昕，张对红．能源安全战略下中国管道输送技术发展与展望 [J]．油气储运，2022，41（6）：632–639.

[47] 张宝强，江勇，曹永利等．水平定向钻管道穿越技术的最新发展 [J]．油气储运，2017，36（5）：558–562.

[48] 刘聪．我国长输油气管道自动焊技术应用现状及展望 [J]．化工管理，2018，（25）：151–152.

[49] 李鹤林，吉玲，康田伟．西气东输一、二线管道工程的几项重大技术进步 [J]．天然气工业，2010，30（4），P：1–9.

[50] 张平，古自强，刘小龙．天然气长输管道集成式压缩机关键技术研究进展 [J]．油气储运，2018，37（11）：1213–1217.

[51] 胡涛，王敏，王晓冬等．油气管道安全管理及相关技术现状 [J]．中国石油和化工标准与质量，2019，39（13）：102–103.

[52] 黄海霞，程帆，苏义脑，等．碳达峰目标下我国节能潜力分析及对策 [J]．中国工程科学，2021，23（6）：81–91.

[53] 周淑慧，王军，梁严．碳中和背景下中国"十四五"天然气行业发展 [J]．天然气工业，2021，41（2）：171–182.

[54] 李建君．中国地下储气库发展现状及展望 [J]．油气储运，2022，41（7）：780–786.

[55] 李国永，徐波，王瑞华，等．我国天然气地下储气库布局建议 [J]．中国矿业，2021，30（11）：7–12.

[56] 张博，安国印，刘团辉，等．平顶山地下盐穴储气库建库盐层分布预测 [J]．盐科学与化工，2021，50（2）：5–9.

[57] 付晓飞．江汉盆地黄场盐穴地下储气库稳定性分析 [J]．山西大

同大学学报（自然科学版），2020，36（4）：73-75.

[58] 丁国生，魏欢.中国地下储气库建设 20 年回顾与展望 [J]. 油气储运，2020，39（1）：25-31.

[59] 马新华.中国天然气地下储气库 [M].北京：石油工业出版社，2018.

[60] 何春蕾，江如意，辜穗，等.油气储运科技创新成果收益递进分成评估 [J].石油科技论坛，2023，42（1）：32-40.